清华社"视频大讲堂"大系

CG 技 术 视 频 大 讲 堂

Premiere Pro 2022

从入门到精通

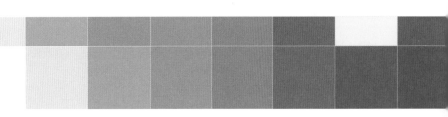

敬伟 ⊙编著

U0286634

清华大学出版社

北 京

内容简介

本书是学习Premiere Pro软件的参考用书。通过本书，读者将由浅入深地认识Premiere Pro，了解该软件的各类工具与功能。读者通过学习时间轴、剪辑、动画、形状、过渡、视频效果、音频效果、抠像、插件等软件功能，并配合一系列的实例练习，最终将成为精通该软件的高手。本书案例丰富，涉及多个领域，综合多种知识，涵盖了低、中、高级技术要点。本书精彩案例配套高清视频讲解，方便读者跟随视频动手练习。读者可通过本书基本理论了解原理，通过基本操作掌握软件技能，通过案例实战灵活掌握软件用法。将知识系统化并进行综合应用，实现创意的发挥，让读者的能力提升到一个新的水平。

本书适合Premiere Pro零基础入门者阅读，也可帮助有一定基础的人员进行深造，还可作为学校或培训机构的教学参考书籍。

图书在版编目（CIP）数据

Premiere Pro 2022从入门到精通 / 敬伟编著. —北京：清华大学出版社，2022.1（2023.8重印）
（清华社"视频大讲堂"大系CG技术视频大讲堂）
ISBN 978-7-302-59738-4

Ⅰ. ①P… Ⅱ. ①敬… Ⅲ. ①视频编辑软件 Ⅳ. ①TN94

中国版本图书馆CIP数据核字（2021）第276163号

责任编辑：贾小红
封面设计：滑敬伟
版式设计：文森时代
责任校对：马军令
责任印制：丛怀宇

出版发行：清华大学出版社
    网   址：http://www.tup.com.cn，http://www.wqbook.com
    地   址：北京清华大学学研大厦 A 座   邮 编：100084
    社 总 机：010-83470000   邮 购：010-62786544
    投稿与读者服务：010-62776969，c-service@tup.tsinghua.edu.cn
    质量反馈：010-62772015，zhiliang@tup.tsinghua.edu.cn
印 装 者：三河市铭诚印务有限公司
经 销：全国新华书店
开 本：203mm×260mm 印 张：20.5 字 数：733 千字
版 次：2022 年 2 月第 1 版 印 次：2023 年 8 月第 4 次印刷
定 价：108.00 元

产品编号：093153-03

前言
Preface

Premiere Pro是应用非常广泛的非线性视频编辑软件,具有视频剪辑、后期调色、视频特效、动画制作、音频处理等多方面的功能,广泛应用于影视媒体及视觉创意等相关行业。电视台和多媒体工作室的影视剪辑、短视频制作、动画制作、视频特效、摄像等岗位的从业人员或多或少都会用到Premiere Pro软件。使用Premiere Pro编辑视频是上述人员必备的一项技能。

关于本书

感谢读者选择本书来学习Premiere Pro,无论是零基础入门还是想要进修深造,本书都会满足您的要求。书中几乎涵盖当前最新版Premiere Pro软件的所有功能,从基本工具、基础命令讲起,可使读者迅速学会基本操作。本书配有扩展知识讲解,可拓宽读者的知识面。对于专业的术语和概念,配有生动、详细而不失严谨的讲解;对于一些不易理解的知识,配有形象的动漫插图和答疑。在介绍基础操作后,还配有实例练习、综合案例和作业练习的大量案例,有一定基础的读者可直接阅读本书案例的图文步骤,配合精彩的视频讲解,学会动手创作。

本书分为三大部分:A入门篇、B精通篇、C实战篇。另外,在本书内容的基础上,有多门专业深化课程延展。

A入门篇偏重于介绍软件的基本必学知识,从零认识Premiere Pro,了解其主界面,掌握术语和概念;学会基本工具操作,包括时间轴、轨道、剪辑、动画、过渡、效果等。学完本部分,可以应对一般视频编辑工作。

B精通篇侧重于讲解进阶知识,本篇将深入讲解Premiere Pro,包括抠像、进阶剪辑技术、常用插件、声音编辑、效果详解、影视调色以及相关的系列案例,学完本部分,就可基本掌握Premiere Pro软件。

C实战篇提供了若干具有代表性的Premiere Pro综合案例,为读者提供了学习更为复杂的操作方面的思路。

读者还可以学习与本书相关联的专业深化课程,集视频课、直播课、辅导群等多种组合服务于一体,在本书的基础上追加了更多专业领域的Premiere Pro实战案例,更具有商业应用性,更贴近行业设计趋势,有多套实战课程可以选择并持续更新,附赠海量资源素材,完成就业水准的专业训练。读者可以关注"清大文森学堂"微信公众号了解更多信息。

视频教程

除了以图文方式学习之外,书中综合案例还配有二维码,扫描二维码即可播放对应的视频教程。读者不止得到了一本好书,而且还获得了一套优质的视频课程。视频中完整展示了综

合案例的操作过程，都配有详细的步骤讲解。视频课程为高清录制，制作精良，讲述清晰，利于学习。

本书模块

◆ 基础讲解：零基础入门的新手首先需要学习基本的概念、术语等必要的知识，以及各种工具和功能命令的操作和使用方法。

◆ 扩展知识：提炼最实用的软件应用技巧以及快捷方式，可提高工作、学习效率。

◆ 豆包提问：汇聚初学者容易遇到的问题并给予解答。

◆ 实例练习：学习基础知识和操作之后的基础案例练习，是趁热打铁的巩固性训练，难度相对较小，操作步骤描述比较详细，一般没有视频讲解，是纸质书特有的案例，只需跟随书中的详细步骤操作，即可完成练习。

◆ 综合案例：综合运用多种工具和命令，制作创意与实践相结合的进阶案例。除了书中有步骤讲解，还配有高清视频教程，扫描案例标题之后的二维码即可观看。

◆ 作业练习：书中提供基础素材，提供完成后的参考效果，并介绍创作思路，由读者完成作业练习，实现学以致用。如果需要作业辅导与批改，请看下文"教学辅导"模块对清大文森学堂在线教室的介绍。

◆ 本书配套素材：扫描本书封底二维码即可获取本书配套素材下载地址。

另外，本书还有更多增值延伸内容和服务模块，请读者关注清大文森学堂（www.wensen.online）了解。

清大文森学堂-设计学堂

◆ 专业深化课程：扫码进入清大文森学堂-设计学堂，了解更进一步的课程和培训，课程门类有视频自媒体剪辑制作、影视节目包装、MG动画设计、影视后期调色、影视后期特效等，也可以专业整合一体化来学习，有着非常完善的培训体系。

◆ 教学辅导：清大文森学堂在线教室的教师可以帮助读者批改作业、完善作品、直播互动、答疑演示，提供"保姆级"的教学辅导工作，为读者梳理清晰的思路，矫正不合理的操作，以多年的实战项目经验为读者的学业保驾护航。详情可进入清大文森学堂-设计学堂了解。

加入社区

◆ 读者社区：读者选择某门课程后，即加入了由一群志同道合的人组成的学习社区。读者可以在清大文森学堂认识诸多良师益友，让学习之路不再孤单。在社区中，还可以获取更多实用的教程、插件、模板等资源，福利多多，干货满满，交流热烈，气氛友好，期待读者加入。

◆ 考试认证：清大文森学堂是Adobe中国授权培训中心，是Adobe官方指定的考试认证机构，可以为读者提供Adobe Certified Professional（ACP）考试认证服务，颁发Adobe国际认证ACP证书。

关于作者

敬伟，全名滑敬伟，Adobe国际认证讲师，清大文森学堂高级讲师，著有数套设计教育系列课程。作者总结多年来的教学经验，结合当下最新软件版本，编写成系列软件教程书，以供读者参考学习。其中包括《After Effects从入门到精通》《Photoshop从入门到精通》《Photoshop案例实战从入门到精通》《Illustrator从入门到精通》等多部图书与配套视频课程。

本书由清大文森学堂出品，清大文森学堂是融合课程创作、图书出版、在线教育等多方位服务的教育平台。本书由敬伟完成主要编写工作，参与本书编写的人员还有田荣跃、王雅平、王师备、仇宇。本书部分素材来自图片分享网站pixabay.com和pexels.com，以及视频分享网站mixkit.co，书中标注了素材作者的用户名，在此一并感谢素材作者的分享。

本书在编写过程中虽力求尽善尽美，但由于作者能力有限，书中难免存在不足之处，还请广大读者批评指正。

目录
Contents

A 入门篇　基本概念　基础操作

A01课　软件介绍——了解视频制作软件………2
- A01.1　Premiere Pro和它的小伙伴们 …………… 2
- A01.2　视频编辑方式 …………………………… 3
- A01.3　Premiere Pro可以做什么 ……………… 3
- A01.4　选择什么版本 …………………………… 6
- A01.5　如何简单高效地学习Premiere Pro …… 7
- 总结 ……………………………………………… 9

A02课　软件安装——开工前的准备…………10
- A02.1　软件的下载和安装 ……………………… 10
- A02.2　软件的启动与关闭 ……………………… 10
- A02.3　软件首选项设置 ………………………… 11
- 总结 ……………………………………………… 12

A03课　创建项目——搞个大项目……………13
- A03.1　视频剪辑工作流程 ……………………… 13
- A03.2　新建项目 …………………………………14
- A03.3　素材 ……………………………………… 15
- A03.4　创建序列 ………………………………… 19
- A03.5　序列嵌套 ………………………………… 22
- A03.6　了解视频基本知识 ……………………… 22
- 总结 ……………………………………………… 24

A04课　工作界面——欢迎来到视频车间……25
- A04.1　工作区 …………………………………… 25
- A04.2　面板介绍 ………………………………… 26
- A04.3　调整面板 ………………………………… 28
- 总结 ……………………………………………… 29

A05课　监视器和时间轴——
浏览时间的画面………………………30
- A05.1　监视器 …………………………………… 30

- A05.2　时间轴 …………………………………… 34
- A05.3　轨道 ……………………………………… 35
- A05.4　时间轴工具 ……………………………… 37
- 总结 ……………………………………………… 37

A06课　剪辑的基本操作——
剪得断，理不乱！……………………38
- A06.1　了解蒙太奇 ……………………………… 38
- A06.2　将剪辑添加到序列 ……………………… 39
- A06.3　选择/移动剪辑 ………………………… 42
- A06.4　复制与粘贴 ……………………………… 44
- A06.5　切割与修剪 ……………………………… 44
- A06.6　删除剪辑 ………………………………… 45
- A06.7　实例练习——简单视频剪辑 …………… 45
- A06.8　标记点的添加与删除 …………………… 46
- A06.9　查找序列中的间隙 ……………………… 47
- A06.10　剪辑的启用与关闭 ……………………… 48
- A06.11　视频与音频的分割与链接 ……………… 48
- A06.12　序列入点与出点 ………………………… 49
- A06.13　综合案例——剪辑滑雪短视频 ………… 49
- A06.14　作业练习——音乐节奏剪辑 …………… 50
- 总结 ……………………………………………… 51

A07课　剪辑的属性——
你可以对剪辑做这些…………………52
- A07.1　调整视频运动效果 ……………………… 52
- A07.2　调整视频不透明度 ……………………… 53
- A07.3　时间重映射 ……………………………… 53
- A07.4　在监视器直接调整运动属性 …………… 54
- A07.5　实例练习——制作照片墙 ……………… 54
- A07.6　综合案例——电视墙 …………………… 55
- A07.7　作业练习——插入综艺特效文字 ……… 57

总结 ···································· 57

A08课　编辑音频基本属性——来点好声音 ···· 58

A08.1　导入音频 ····························· 58
A08.2　音量的设置 ························· 58
A08.3　声道音量的使用 ··················· 59
A08.4　声像器的使用 ····················· 59
A08.5　综合案例——修改音频属性 ······ 59
A08.6　新建音频轨道 ····················· 60
A08.7　音频波形图的作用 ··············· 60
总结 ···································· 60

A09课　关键帧动画——剪辑也能做动画 ······· 61

A09.1　什么是关键帧 ····················· 61
A09.2　编辑关键帧 ······················· 61
A09.3　实例练习——足球射门动画 ······ 63
A09.4　实例练习——制作音乐MV ········ 65
A09.5　关键帧插值 ······················· 66
A09.6　综合案例——制作豆包小表情 ···· 67
A09.7　综合案例——希区柯克变焦效果 ·· 69
A09.8　作业练习——快闪视频 ·········· 70
A09.9　作业练习——制作综艺特效字 ···· 72
总结 ···································· 73

A10课　形状图层——剪出爱你的形状 ·········· 74

A10.1　钢笔工具 ························· 74
A10.2　矩形工具 ························· 75
A10.3　椭圆工具 ························· 75
A10.4　矢量运动效果 ····················· 75
A10.5　形状属性 ························· 76
A10.6　基本图形面板 ····················· 77
A10.7　实例练习——绘制图标 ·········· 78
A10.8　综合案例——万花筒图形动画 ···· 79
A10.9　综合案例——设计创意海报 ······ 82
A10.10　综合案例——图形转场动画 ······ 86
A10.11　作业练习——制作简单标题框 ···· 88
A10.12　作业练习——使用图形元素装饰视频 89
总结 ···································· 90

A11课　添加过渡——自然过渡，惊艳转场 ···· 91

A11.1　什么是视频过渡 ··················· 91
A11.2　视频过渡的类型 ··················· 91
A11.3　音频过渡的类型 ··················· 95
A11.4　添加视频过渡 ····················· 97

A11.5　编辑过渡 ························· 99
A11.6　替换和删除过渡 ··················· 100
A11.7　实例练习——复合过渡效果 ······ 100
A11.8　综合案例——制作动态相册 ······ 102
A11.9　综合案例——歌曲串烧 ·········· 103
A11.10　作业练习——制作毕业纪念册 ···· 105
A11.11　作业练习——跟随音乐节奏卡点过渡 106
总结 ···································· 107

A12课　视频效果——无后期，不视频 ········· 108

A12.1　添加视频效果 ····················· 109
A12.2　复制视频效果 ····················· 109
A12.3　编辑视频效果 ····················· 110
A12.4　使用调整图层 ····················· 111
A12.5　使用效果预设 ····················· 113
A12.6　关闭和删除视频效果 ·············· 114
A12.7　作业练习——镜头扭曲效果 ······ 115
A12.8　作业练习——竖屏变横屏 ········ 115
总结 ···································· 116

A13课　音频效果——震撼你的听觉 ··········· 117

A13.1　添加与删除音频效果 ·············· 117
A13.2　在音轨混合器中编辑音频效果 ···· 118
A13.3　振幅与压限 ······················· 118
A13.4　延迟与回声 ······················· 119
A13.5　滤波器和 EQ ····················· 119
A13.6　调制 ····························· 120
A13.7　降噪/恢复 ························· 120
A13.8　混响 ····························· 120
A13.9　特殊效果 ························· 120
A13.10　其他 ····························· 121
A13.11　综合案例——制作魔幻音效 ······ 121
A13.12　综合案例——模拟手机通话效果 ·· 122
A13.13　综合案例——模拟喇叭广播效果 ·· 123
A13.14　作业练习——让声音变得更有磁性 123
总结 ···································· 123

A14课　文本与字幕——看片怎能没字幕？ ···· 124

A14.1　创建文本 ························· 125
A14.2　编辑文本样式 ····················· 125
A14.3　实例练习——霓虹灯文字特效 ···· 127
A14.4　创建滚动字幕 ····················· 130
A14.5　使用字幕模板 ····················· 131
A14.6　创建并导出字幕 ··················· 132

A14.7　综合案例——HELLO！文本出现效果 135
A14.8　综合案例——创建纪录片标题效果 136
A14.9　综合案例——快速添加字幕 138
A14.10　作业练习——星空文本出现效果 140
总结 141

A15课　渲染与导出——最后的施工环节 142
A15.1　修改分辨率 142
A15.2　渲染项目 143
A15.3　渲染和替换 144
A15.4　使用代理文件 144
A15.5　了解导出选项 144
A15.6　导出单帧 147
A15.7　Adobe Media Encoder编码转码软件 147
A15.8　导出项目文件 149
总结 150

B　精通篇　进阶操作 实例讲解

**B01课　抠像与合成——
　　　　以合成思维做剪辑 152**
B01.1　使用合成技术 152
B01.2　使用蒙版 153
B01.3　实例练习——制作蒙版转场动画效果 154
B01.4　综合案例——"无限分身"循环效果 157
B01.5　综合案例——"任意门"效果 159
B01.6　混合模式 161
B01.7　Alpha通道 165
B01.8　亮度通道 166
B01.9　综合案例——文字消散效果 167
B01.10　绿屏抠像 168
B01.11　实例练习——外景报道 170
B01.12　综合案例——多边形转场效果 171
B01.13　作业练习——使用超级键制作手机广告 174
B01.14　作业练习——vlog封面 175
B01.15　作业练习——新款男装广告 175

**B02课　进阶剪辑技术——
　　　　剪辑师的高级修炼 177**
B02.1　更改剪辑速度 178
B02.2　实例练习——光流法的使用 179
B02.3　综合案例——坡度变速效果 180
B02.4　执行高级修剪 182
B02.5　替换剪辑和素材 182
B02.6　嵌套序列 184

B02.7　综合案例——分屏嵌套效果 186
B02.8　画中画效果 191
B02.9　在节目监视器中修剪 192
B02.10　多机位剪辑 193
B02.11　动态链接 195
B02.12　Premiere Pro 实用小技巧 196
B02.13　综合案例——倒放效果 200
B02.14　作业练习——超越短视频剪辑 201

B03课　常用插件——这也能"开挂"？ 203
B03.1　VFX Suite 红巨人特效插件 203
B03.2　Sapphire蓝宝石插件 204
B03.3　综合案例——使用蓝宝石插件
　　　　制作舞蹈短片合集 204
B03.4　Titler Pro字幕插件 207
B03.5　Magic Bullet Suite 红巨人调色插件 207
B03.6　综合案例——人脸润肤磨皮 208
B03.7　作业练习——视频降噪 209

B04课　声音设计——给声音开个"美颜" 211
B04.1　基本声音面板 212
B04.2　调整对话 212
B04.3　调整音乐 214
B04.4　创建伪声效果 215
B04.5　设置环境 215
B04.6　综合案例——提升音频人声质量 215

B05课　模板使用——分分钟搞定项目 217
B05.1　了解模板的常见问题 217
B05.2　认识模板内素材之间的关系 218
B05.3　通过修改模板替换素材 220
B05.4　综合案例——熟练使用模板 221

B06课　效果案例——全面认识特效 224
B06.1　视频效果的分类 224
B06.2　实例练习——求婚短视频 245
B06.3　实例练习——倒计时效果 246
B06.4　实例练习——模拟镜像空间 249
B06.5　实例练习——去除杂物或水印 251
B06.6　综合案例——模拟镜头运动 252
B06.7　综合案例——制作手绘文字 255
B06.8　综合案例——纸牌飞出动画 257
B06.9　综合案例——描边弹出动画 259
B06.10　综合案例——晃动眩晕效果 261

B06.11 综合案例——制作水墨图画·················· 262

B06.12 综合案例——制作变脸效果·················· 264

B06.13 综合案例——3D投影效果·················· 266

B06.14 作业练习——水滴转场效果·················· 268

B06.15 作业练习——制作跟踪马赛克效果·········· 269

B06.16 作业练习——制作唯美滤镜·················· 270

B06.17 作业练习——星空延时效果·················· 271

B07课 影视调色——Lumetri调色系统········272

B07.1 Lumetri 范围面板·················· 273

B07.2 Lumetri 颜色面板·················· 275

B07.3 实例练习——调整寒冬色调·················· 279

B07.4 实例练习——人物调色·················· 280

B07.5 综合案例——海岸调色·················· 282

B07.6 综合案例——清新滤镜效果·················· 283

B07.7 综合案例——时间流逝效果·················· 286

B07.8 综合案例——茂密山林·················· 289

B07.9 作业练习——将黄昏调整为清晨·················· 291

B07.10 作业练习——怀旧复古风·················· 291

C 实战篇 综合案例 实战演练

C01课 综合案例——随音乐卡点快闪视频·····294

C02课 综合案例——制作双重曝光效果·····297

C03课 综合案例——模拟场景文字·····300

C04课 综合案例——制作动画片头·····303

C05课 综合案例——画面分屏效果·····308

C06课 综合案例——四季变换效果·····312

Learning Suggestions
学习建议

☑ 学习流程

本书包括入门篇、精通篇、实战篇三个篇章，由浅入深、层层递进地对 Premiere Pro 进行了全面、细致的讲解，建议新手按顺序从入门篇开始一步步学起，有一定基础的读者可根据自身情况选择学习顺序。

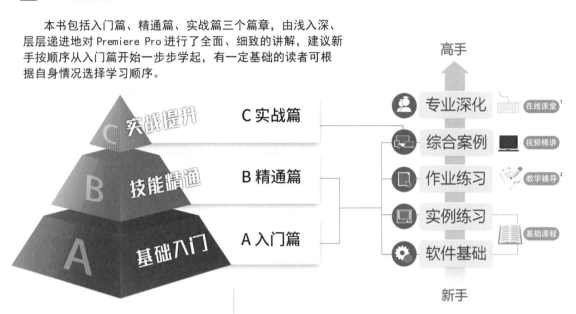

高手

C 实战提升 — C 实战篇
B 技能精通 — B 精通篇
A 基础入门 — A 入门篇

专业深化 — 在线课堂 [1]
综合案例 — 视频精讲
作业练习 — 教学辅导 [2]
实例练习
软件基础 — 基础课程

新手

☑ 配套素材

扫描封底左侧的素材二维码，即可查看本书配套素材的下载地址。本书配套素材包括图片、视频、音频、项目文件等。

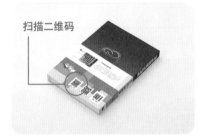

扫描二维码

☑ 学习交流

扫描封底左侧或前言文末的二维码，即可加入本书读者的学习交流群，可以交流学习心得，共同进步，群内还有更多福利等您领取！

☑ 学习方式

软件基础、实例练习是图书的主要内容，读者可以根据书中的图文讲解学习基础理论与基本操作，再通过实例练习付诸实践。综合案例是进一步的实际操作训练，读者不仅可以阅读分步的图文讲解，还可以通过扫描标题上嵌入的二维码观看视频教程进行学习。

书中每一个作业练习都配有作业思路提示，可以根据配套的作业素材和参考效果文件，进行作业项目的制作练习。清大文森学堂更有教学辅导增值服务，可为读者答疑解惑，直播演示案例做法。清大文森学堂还开设了专业深化课程，请关注"清大文森学堂"微信公众号了解更多信息。

[1] "在线课堂"是由清大文森学堂的设计学堂提供的多门专业深化课程，本书读者有优先报名权并可享多项优惠政策。

[2] "教学辅导"服务由清大文森学堂教师团队有偿提供。

轻松搞定视频剪辑……

A 入门篇

基本概念　基础操作

本篇将讲解非线性视频编辑软件 Premiere Pro 的基本功能，了解编辑制作电影和视频节目的过程。学习对视频进行剪辑、调色，以及添加过渡和字幕的方法。

扫码观看视频课

A01.1　Premiere Pro 和它的小伙伴们

Premiere Pro 是由 Adobe 公司开发的一款非常优秀的非线性视频编辑软件，广泛应用于影视剪辑、多媒体项目制作等。Premiere Pro 是 Adobe 公司 Creative Cloud 系列产品的重要软件，可以与该系列产品中的其他软件相互协作，图 A01-1 所示为 Creative Cloud 部分后期制作协作软件。

图 A01-1

◆ Ae 即 After Effects，是图形视频处理软件，可以制作影视后期特效与图形动画，是配合 Premiere Pro 的重要软件。本系列丛书同样推出了《After Effects 从入门到精通》一书（见图 A01-2），以及对应的视频教程和延伸课程，建议读者与本书同步学习。

◆ Ps 即 Photoshop，是著名的图像处理软件，也是视频设计制作不可缺少的配合软件。本系列丛书同样推出了《Photoshop 中文版从入门到精通》一书，以及对应的视频教程和延伸课程，建议读者拥有一定的 Photoshop 软件基础，这样学习 Premiere Pro 的过程会更加顺畅。

◆ Ai 即 Adobe Illustrator，是矢量设计制作软件，广泛应用于平面设计、插画设计等领域。在制作图形动画的时候，Illustrator 可以发挥出强大的设计制作功能。本系列丛书同样推出了《Illustrator 从入门到精通》一书，以及视频教程和延伸课程，建议读者学习了解。

《After Effects 从入门到精通》
敬伟　编著
图 A01-2

◆ Me 即 Adobe Media Encoder，是媒体编码工具，用于输出视频的格式与编码设置，是最后输出环节重要的外置工具。安装 Premiere Pro 软件时，通常会默认安装 Adobe Media Encoder，本书的 A15 课中有针对此软件的专门讲解。

◆ Au 即 Adobe Audition，是音频编辑处理软件，影视中的听觉部分至关重要，音频行业具有一定的门槛，行业分工比较明确，建议读者按需求学习音频类软件，或者与专业的音频从业人员配合制作影视作品。

◆ 除了电脑版的 Premiere Pro，移动端也有 Premiere Rush 这种轻量级的应用，适合家庭、个人快捷地创作短片。

除了上述软件，还有多种类型的影视制作软件，比如 Davinci、Final Cut Pro、Motion、Edius、Animate、NUKE、CINEMA 4D、Houdini、3ds Max、Maya 等，以及移动应用 LumaFusion、剪映、快影等，还有 Blibili 推出的 bilibili 云剪辑，都是制作视频的好帮手。本系列丛书将有相关图书或视频课程陆续推出，敬请关注。

A01.1　Premiere Pro和它的小伙伴们
A01.2　视频编辑方式
A01.3　Premiere Pro 可以做什么
A01.4　选择什么版本
A01.5　如何简单高效地学习 Premiere Pro
总结

A01.2 视频编辑方式

1. 线性编辑

　　传统的磁带视频编辑属于线性编辑，它是在编辑机上进行的，是一种按素材顺序连续剪辑的形式。由于磁带的特性，中间不可以删除、加长或缩短，素材只能用相同时长的素材来替换，这种编辑方式就称为线性编辑，早期的电视行业采用的就是线性编辑系统。

2. 非线性编辑

　　胶片电影的剪辑方法是非线性编辑的雏形，也就是可以对一组组镜头胶片进行剪切、粘贴，可以随意插入、删除，进行调整和改动，完成灵活的手工剪辑。现在的视频影像全面进入数字时代，非线性编辑就是将视频文件存储在存储设备中，使用编辑软件进一步处理。只要没有最后生成影片输出，对这些文件在时间轴上的位置和时间长度的修改都是随

意的，不再受到存储顺序的限制，故称为非线性编辑，简称"非编"。

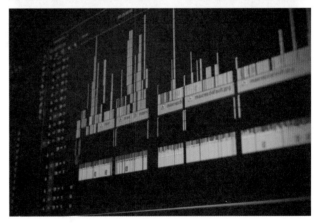

A01.3 Premiere Pro 可以做什么

　　Premiere Pro 适合制作与输出视频的机构使用，包括影视制作机构、动画制作机构、多媒体工作室、个人自媒体等。

　　● 电影《终结者：黑暗命运》使用了 Premiere Pro 和 After Effects 进行剪辑和特效制作（见图 A01-3）。

图 A01-3

图 A01-3（续）

⚫ 电影《死侍》使用 Premiere Pro 和 After Effects 制作了很多剪辑和特效画面（见图 A01-4）。

图 A01-4

⚫ 大卫·芬奇执导的电影《曼克》与剧集《心灵猎人》由 Premiere Pro 完成剪辑制作（见图 A01-5）。

图 A01-5

⚫ 电影《新哥斯拉》由 Premiere Pro 完成剪辑制作（见图 A01-6）。

图 A01-6

著名的网络短片作者"华人小胖"(RocketJump）在其作品中使用 After Effects 制作特效，使用 Premiere Pro 进行剪辑（见图 A01-7）。

图 A01-7

说唱歌手肯德里克·拉马尔（Kendrick Lamar）使用 Premiere Pro 制作 MV（见图 A01-8）。

图 A01-8

Premiere Pro 是一款专业的非编软件，被广泛应用于电影制作电视节目制作、广告制作、自媒体视频制作等领域，从一开始的导入素材、粗剪，到最后完成完整作品，Premiere Pro 在剪辑、调色、跟踪、字幕等多个方面的表现都非常优秀。

◉ 强大的影片剪辑功能是 Premiere Pro 最核心的功能。

◉ Premiere Pro 可以用来制作标题和字幕。

◉ Premiere Pro 有丰富的特效、转场和调色功能。

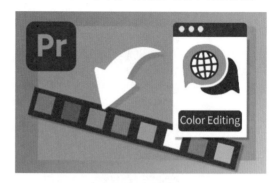

◉ Premiere Pro 有着专业级的音频处理功能。

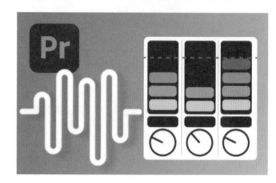

影视从业者使用 After Effects 与 Premiere Pro 制作精彩绝伦的视频作品，学会这两款软件即迈过了专业影视制作的行业门槛，不论是学习就业还是兴趣爱好，学习本书以及配套视频课程都会为您带来实用的技能和收获。

A01.4　选择什么版本

本书基于 Premiere Pro 2022 讲解，从零开始完整地讲解软件几乎全部的功能。推荐读者使用 Premiere Pro 2022 或近几年更新的版本来学习，各版本的使用界面和大部分功能都是通用的，不用担心版本不符而有学习障碍。只要学会一款，就可学会全部。另外，Adobe 公司的官网会有历年 Premiere Pro 版本更新日志，可以到 adobe.com 了解 Premiere Pro 目前的更新情况。

下面了解一下近年来 Premiere Pro 的版本情况，如图 A01-9 所示，以下版本都可以使用本书来学习。

Premiere Pro CC 2019

Premiere Pro 2020

图 A01-9

Premiere Pro 2021

Premiere Pro 2022

图 A01-9（续）

A01.5　如何简单高效地学习 Premiere Pro

微信公众号：清大文森学堂

使用本书学习 Premiere Pro 大概需要以下流程，清大文森学堂（www.wensen.online）可以为读者提供全方位的教学服务。

1. 了解基本概念

零基础入门的新手通过阅读图书的文字讲解，或者观看基础视频课程，先学习最基本的概念、术语、行业规则等必要的知识，作为入行前的准备。比如，了解视频格式、帧速率、码率、项目、素材、序列等基础概念，学习更多影视制作相关的基础知识。

2. 掌握基础操作

软件基础操作也是最核心的操作，读者可以通过了解工具的用法、菜单命令的位置和功能，学会组合使用软件并善于使用快捷键，达到高效、高质量地完成制作的目的。一回生，二回熟，通过不断训练，最终将软件应用得游刃有余。

3. 配合案例练习

本书中配有大量案例，可以扫码观看视频讲解，学习制作过程，用于在掌握基础操作后完成实际应用训练。只有不断地进行练习和创作，才能积累经验和技巧，发挥出最高的创意水平。

4. 搜集制作素材

本书中配有大量同步配套素材、案例练习素材，包括图

片、项目源文件等，扫描封底二维码即可下载，帮助读者在学习的过程中与书中或视频课程中的内容实现无缝衔接。读者在学习练习之后，可以自己拍摄、搜集、制作各类素材，激活创作思维，实现独立制作原创作品的目的。

5. 教师辅导教学

纵观本"CG 技术视频大讲堂"系列丛书，纸质图书是一套课程体系中重要的组成部分，同时还有同步配套的视频课程节目，与图书内容有机结合，在教学方式上有多方面互动和串联。图书具有系统化的章节和详细的文字描述，视频节目生动直观，便于操作观摩。除此之外，还有直播课在线教室等多种教学配套服务供读者选择，在线教室有教师互动、答疑演示，可以帮助读者解决诸多疑难问题，详情可登录清大文森学堂微信公众号了解更多。

6. 作业分析批改

初学者在学习案例和作业的时候，一方面会产生许多问题，一方面也会对作品的完成度没有准确的把握。清大文森学堂在线教室的教师可以帮助读者批改作业，完善作品，提供"保姆级"的教学辅导工作，为读者梳理清晰的思路，矫正不合理的操作，以多年的实战项目经验为读者的学业保驾护航。

7. 社区学习交流

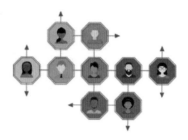

你不是一个人在战斗！读者选择某门课程后，即加入了由一群志同道合的人组成的学习社区。读者在清大文森学堂可以认识诸多良师益友，让学习之路不再孤单。在社区中，还可以获取更多实用的教程、插件、模板等资源，福利多多，干货满满，交流热烈，气氛友好，期待你的加入。

8. 学习专业深化课程

学完本书课程可以达到掌握软件的程度，但只是掌握软件还是远远不够的，对于行业要求而言，软件是敲门砖，作品才是硬通货，所以作品的质量水平决定了创作者的层次和收益。进入清大文森学堂 - 设计学堂，了解更进一步的课程和培训，课程门类有视频自媒体剪辑制作、影视节目包装、MG 动画设计、影视后期调色、影视后期特效等，也可以专业整合一体化来学习，有着非常完善的培训体系。

9. 获取考试认证

清大文森学堂是 Adobe 中国授权培训中心，是 Adobe

官方指定的考试认证机构，可以为读者提供 Adobe Certified Professional（ACP）考试认证服务，颁发 Adobe 国际认证 ACP 证书，ACP 证书由 Adobe 全球首席执行官签发，可获得国际接纳和认可。ACP 是 Adobe 公司推出的权威国际认证体系，是面向全球 Adobe 软件的学习和使用者提供的一套全面、科学、严谨、高效的考核体系，为企业的人才选拔和录用提供了重要和科学的参考标准。

10. 发布 / 投稿 / 竞标 / 参赛

当您的作品足够成熟、完善时，可以考虑发布和应用，接受社会的评价。比如发布于个人自媒体，或专业作品交流平台，也可以按活动主办方的要求创作投稿竞标，还可以参加电影节、赛事活动等。ACP 世界大赛（Adobe Certified Professional World Championship）是一项在创意领域，面向全世界 13 ～ 22 岁青年学生的重大竞赛活动。清大文森学堂是 ACP 世界大赛的赛区承办者，读者可以直接通过学堂来报名参赛。

总结

Premiere Pro 是一款非常优秀的视频剪辑制作的软件，在剪辑、调色、跟踪、字幕等方面表现相当出色，让我们开启学习 Premiere Pro 的旅程吧！

读书笔记

A02课

软件安装

开工前的准备

登录 Adobe 中国官网 https://www.adobe/com. 即可购买 Premiere Pro 软件。下面介绍一下在线安装试用的流程。

A02.1　软件的下载和安装

打开 https://www.adobe.com/cn，在顶部导航栏打开【支持】菜单，找到【下载并安装】并单击，如图 A02-1 所示。

图 A02-1

这里提供了所有产品的下载地址。找到 Premiere Pro 并单击【免费试用】按钮，即可下载安装包，双击安装包就可以开始安装了，如图 A02-2 所示。

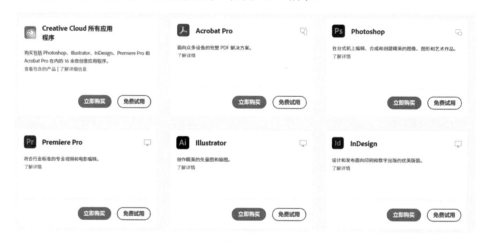

图 A02-2

这种方法适用于 Windows 系统和 macOS。试用到期后可通过 Adobe 官方网站或者软件经销商购买并激活。

A02.2　软件的启动与关闭

软件安装完成后，在 Windows 系统的【开始】菜单里即可找到新安装的程序，单击 Premiere Pro 图标启动软件；在 macOS 中可以在 Launchpad（启动台）里找到 Premiere Pro 图标，单击即可启动，如图 A02-3 所示。

A02.1　软件的下载和安装
A02.2　软件的启动与关闭
A02.3　软件首选项设置
总结

图 A02-3

启动 Premiere Pro 后，在 Windows 系统中执行【文件】-【退出】命令，即可退出 Premiere Pro，直接单击右上角的 × 也可退出 Premiere Pro；macOS 的 Premiere Pro 同样可以按此方法操作，还可以在 Dock（程序坞）的 Premiere Pro 图标上右击，选择【退出】选项即可。

A02.3　软件首选项设置

在使用软件之前，首先需要调整一下软件的【首选项】，使其更加符合个人的实际操作需求。执行【编辑】-【首选项】命令，打开【首选项】对话框，如图 A02-4 所示。里面有很多功能设置及参数设置，下面先来了解几项重要的软件设置。

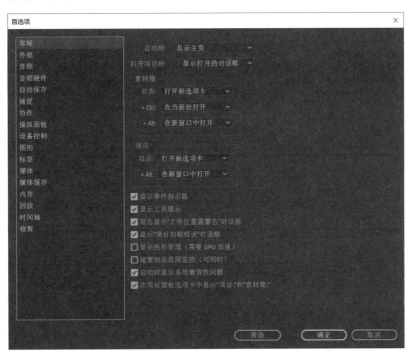

图 A02-4

◆　音频硬件

如果电脑有多个声音驱动设备，则需要在【音频硬件】中选择当前使用的输入和输出设备，保证在工作中可以正常地监听声音效果，如图 A02-5 所示。

图 A02-5

◆ 自动保存

合理地设置自动保存的时间间隔，防止意外死机或断电造成工作损失，如图 A02-6 所示。习惯性地手动保存（Ctrl+S）也非常重要。

图 A02-6

◆ 媒体缓存

建议把缓存位置选择为 C 盘之外的空间较大的硬盘，工程结束后要及时清理缓存文件，为其他数据腾出空间，如图 A02-7 所示。

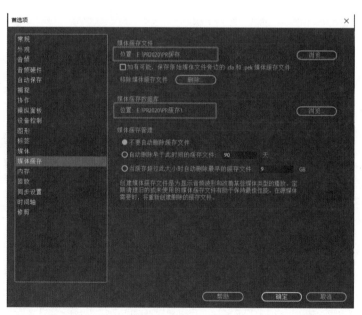

图 A02-7

总结

准备好软件是开始学习的第一步，合理地设置软件，能够让接下来的学习更加得心应手。

Premiere Pro 编辑视频、音频、图片等素材时，不是直接将文件储存在项目中，而是用引用链接的方式，通过"剪辑"操作，完成项目编辑。项目的编辑信息数据可以保存，项目中的序列可以渲染并导出为媒体文件。

A03.1 视频剪辑工作流程

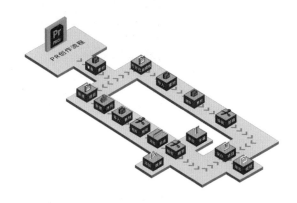

1. 准备素材

素材可以是视频、图片、音频、动画序列等，Premiere Pro 也可以创建序列、彩条、字幕、倒计时片头等功能性素材。

2. 创建项目

创建项目是建立整个视频工程的第一步，创建一个指定名称与存放位置的项目文件，用来统一管理整个视频项目。

3. 创建序列

序列决定最后剪辑的尺寸、帧速率等参数。序列就是未来的视频文件，设置好序列，开始导入准备好的素材。

4. 导入素材

将准备好的素材导入【项目】面板，整理分类以备剪辑使用。

5. 剪辑素材

先将素材粗剪，再添加到序列进行精剪，去除多余内容，对整个序列进行剪辑、拼接等操作。

6. 添加效果

为素材添加效果，完成过渡、调色、抠像等一些特殊操作。

7. 添加文字

为视频添加文字，完成制作标题、字幕等操作。

8. 输出视频

将序列输出为视频文件，保存项目以备未来修改调整或多次使用。

A03.1 视频剪辑工作流程
A03.2 新建项目
A03.3 素材
A03.4 创建序列
A03.5 序列嵌套
A03.6 了解视频基本知识
总结

A03.2　新建项目

　　启动 Premiere Pro 后，首先要新建项目或者打开已有项目，可以在【主屏幕】上直接单击【新建项目】按钮，如图 A03-1 所示，也可以执行【文件】-【新建】-【新建项目】命令来新建一个项目。

　　单击【新建项目】按钮，打开【新建项目】对话框。

　　为项目起好名字后输入名称，选择项目存放的位置，方便以后找到项目进行编辑和修改。

　　Premiere Pro 新版本中将导入流程进行了重新设计，首先输入项目名称并选择项目存放的位置，然后点击窗口左侧本地的文件位置可以看到窗口中的媒体资源，在这里可以预览、选择媒体，如图 A03-2 所示。

图 A03-1

图 A03-2

　　选择多个位置进行文件导入，并可以将常用导入位置进行收藏，点击【收藏位置】 按钮即可，收藏的路径会在工作区右侧显示，方便以后重新导入，如图 A03-3 所示。

　　在预览区域顶部有一些关于素材预览方式、排列方式的选项，如图 A03-4 所示。

图 A03-3

图 A03-4

◆　【调整缩览图的大小】：可以通过移动滑块调整素材预览的视图大小，

◆　【网格视图】【列表视图】：可以切换视图方式。

◆　【排序选项】：可以调整文件的排列方式，按照名称排列或创建日期排列，切换升序、降序两种方式。

◆　【文件类型已显示】：调整显示的文件类型，可以选择【仅视频】【仅音频】【仅图像】或者【所有支持的文件】。

　　在搜索栏输入文件名称可以搜索找到文件，鼠标放在素材预览的视图上可以看到一条竖线，左右移动可以预览视频的内容，如图 A03-5 所示。

选择媒体文件后，在窗口右侧可以选择导入设置，如图 A03-6 所示。

图 A03-5　　　　　　　图 A03-6

打开【复制媒体】选项，将选择的媒体文件复制到新路径，复制媒体时，需要电脑上同时安装 Adobe Media Encoder 才可以。

打开【新建素材箱】选项，输入素材箱名称后可以创建素材箱并导入素材。

打开【创建新序列】选项，输入序列名称后可以直接将媒体文件以序列的方式导入。

A03.3　素材

1. 什么是素材

素材就是一个项目的最小单元，一个完整的项目往往由很多个不同类型的素材组成，这些剪辑的切换、组合形成了丰富多彩的表现形式，最终完成一个优秀的视频。

2. 素材的类型

素材分为很多类型，如视频素材、图片素材、音频素材、图形素材、蒙版素材等，这些素材起着不同的作用。

3. 导入素材

在标题栏的左上角点击【导入】，进入【导入】工作区，当【新建序列】复选框关闭时，媒体将直接添加到【项目】面板中。

（1）导入单图层剪辑

执行【文件】-【导入】命令或者在【项目】面板中右击选择【导入】，选择相应素材，快捷键为 Ctrl+I。

【项目】面板中的素材可以根据用户的喜好设置为【列表视图】【图标视图】【自由变换视图】三种视图方式，移动旁边的滑块还可以调整图标和缩览图的大小，如图 A03-7 所示。

素材作者：Larisa-K、GidonPico
图 A03-7

（2）导入图像序列

如果需要导入的是包含多张图像的序列，在导入时，选中文件夹中的第一张图片并选中【图像序列】复选框 ☑图像序列，就可以将图片序列导入为一个完整的剪辑。

（3）导入 Photoshop 文件

Premiere Pro 支持导入 Photoshop 文件，Premiere Pro 自动将图层分别放在不同的轨道上以方便编辑。

在【项目】面板上双击并导入"豆包表情.psd"，会弹出"导入分层文件"对话框，可以选择四种导入的方式，如图 A03-8 所示。

图 A03-8

◆ 【合并所有图层】：将素材的所有图层合并为一个图层并导入。

◆ 【合并的图层】：将素材中选中的图层合并为一个图
层并导入，未选中部分删除，默认情况下选中全部
图层。

◆ 【各个图层】：将导入素材中选中的图层导入并生成
素材箱，打开素材箱，其中的每个图层都是独立的，
默认情况下选中全部图层。在对话框右侧部分可以
选择【全选】或者【不选】选项，在对话框底部可
以选择导入素材的【文档大小】或【图层大小】，如
图 A03-9 所示。

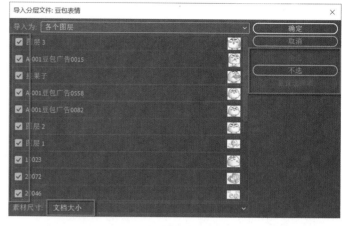

◆ 【序列】：将导入素材中选中的图层导入并生成素材
箱，而且会根据素材尺寸大小生成一个序列，序列
中的所有图层都是独立的，默认情况下选中全部图
层。在对话框底部可以选择导入素材的【文档大小】
或【图层大小】。

图 A03-9

（4）导入 Illustrator 文件

导入的 Illustrator 文件会被 Premiere Pro 自动合并为单一图层，合并时将矢量图形"栅格化"处理成像素的图像格式，并
对图像边缘做抗锯齿处理。根据导入文件的尺寸将空白区域变为透明像素。

（5）导入文件夹

在【项目】面板上双击，在弹出窗口中选中文件夹，单击右下角的【导入文件夹】按钮，Premiere Pro 将自动生成素材
箱，打开素材箱可以看到其中的全部素材。

（6）捕捉

现在有可能还会见到磁带、录像带等视频储存工具，【捕捉】功能就是将这些视频从磁带中捕捉下来。将设备与电脑连接
好后，执行【文件】-【捕捉】命令（F5），打开【捕捉】面板，如图 A03-10 所示。

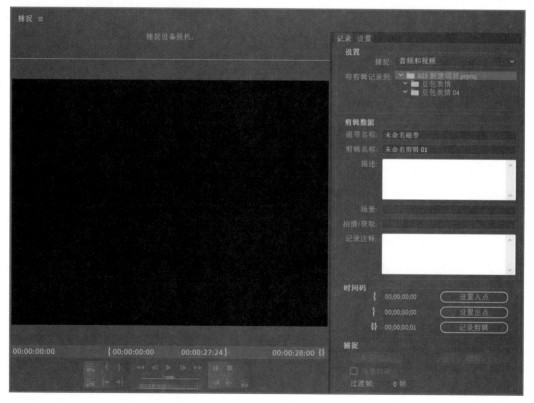

图 A03-10

面板左侧中间是监视器窗口，用来预览视频素材，底部是捕捉控制按钮，右侧显示磁带名称、时间长度等按钮。当储存视频的磁带连接好后，使用面板底部的按钮进行录制，可以将录像带捕捉下来以素材形式储存在计算机上，然后再以剪辑的形式导入项目中。

4. 素材管理

在【项目】面板中，单击素材在面板中拖曳任意位置可以改变素材的排列顺序。选择素材右击选择【复制】（Ctrl+C）选项，在空白处右击选择【粘贴】（Ctrl+V）选项，可以在【项目】面板中得到两个相同的素材，选择新生成的素材右击选择【重命名】选项可以为素材命名新的名称，选择素材右击选择【清除】选项可将素材在项目中删除，快捷键为 Delete。

为了方便素材的管理，需要将素材整理、分类，在【项目】面板右击选择【新建素材箱】选项或直接单击右下角 按钮，按照素材类型将素材箱重命名后，将素材拖曳到素材箱即可，方便后期使用。双击素材箱可以在【项目】面板所在的面板组中生成新的选项卡，素材箱中的素材将被单独显示出来，如图 A03-11 所示。

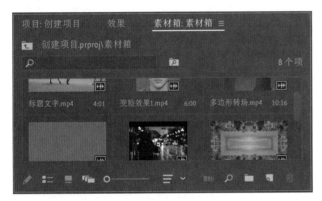

图 A03-11

如果【项目】面板中的素材过多，可以使用【搜索】功能 直接输入素材名称，快速查找相关素材。

5. 素材粗剪

导入视频素材"绿色草地"，有两种方式可以对素材进行粗剪。

◆ 在【源监视器】中粗剪：在【项目】面板中双击素材，可以在【源监视器】中打开源素材，移动指针并单击面板底部【标记入点】 、【标记出点】 按钮可以为素材设置入点与出点，对素材进行粗剪，如图 A03-12 所示。

素材作者：Dan Dubassy
图 A03-12

经过粗剪的素材在【项目】面板会显示出持续时间的范围，蓝色线段表示入点与出点之间的范围，如图 A03-13 所示。

图 A03-13

◆ 在【项目】面板中粗剪：单击【项目】面板中的视频"绿色草地"，在图标中拖曳滑块并按 I 键、O 键可以对视频进行粗剪，如图 A03-14 所示。不过这种方法比较粗略，还是要在【源监视器】中进行调节。

图 A03-14

6. 制作子剪辑

如果一段视频中有好几段需要使用的素材，可以为视频制作子剪辑，子剪辑的功能就是将视频分为若干个片段，以在项目中更方便地使用。

在【项目】面板中选择视频并粗剪视频，右击选择【制作子剪辑】选项，在弹出对话框中修改名称为"运动员1"，如图A03-15所示。选中【将修剪限制为子剪辑边界】复选框时，新生成的子剪辑会删除多余的部分，无法查看入点与出点之外的部分。

图 A03-15

单击【确定】按钮，在【项目】面板中会生成素材"运动员1"，如图A03-16所示。

图 A03-16

7. 创建代理

在【项目】面板中可以创建代理文件，减少渲染时间。

在【项目】面板中，选择素材，再右击选择【代理】-【创建代理】选项，如图A03-17所示，弹出【创建代理】对话框，选择格式和预设后单击确定即可。

图 A03-17

Premiere Pro 会打开 Adobe Media Encoder 软件并渲染视频，渲染好视频后，打开项目文件夹会看到出现 Proxies 文件夹，如图A03-18所示。文件夹中就是新生成的代理文件。

Adobe Premiere Pro Auto-Save　　Adobe Premiere Pro Captured Video　　Proxies　　A03 新建项目　　绿色草地　　图片1

图片2

图 A03-18

执行【编辑】-【首选项】-【媒体】命令，选中【启用代理】复选框，可以很方便地在源素材与代理文件之间快速切换，如图A03-19所示。

图 A03-19

豆包："创建代理的文件在导出时会是高清的吗？"

代理创建完成后，虽然预览时使用的是代理文件，但是在导出时，Premiere Pro会自动地使用原始文件，使用源素材的分辨率进行导出。所以，创建代理文件可以很方便地预览文件，但并不会改变最终输出的效果。

8. 找回丢失的素材

有时不小心误删或者移动素材文件后，打开项目会显示缺少媒体的弹窗提示，如图A03-20所示，【项目】面板中素材的图标会显示问号。

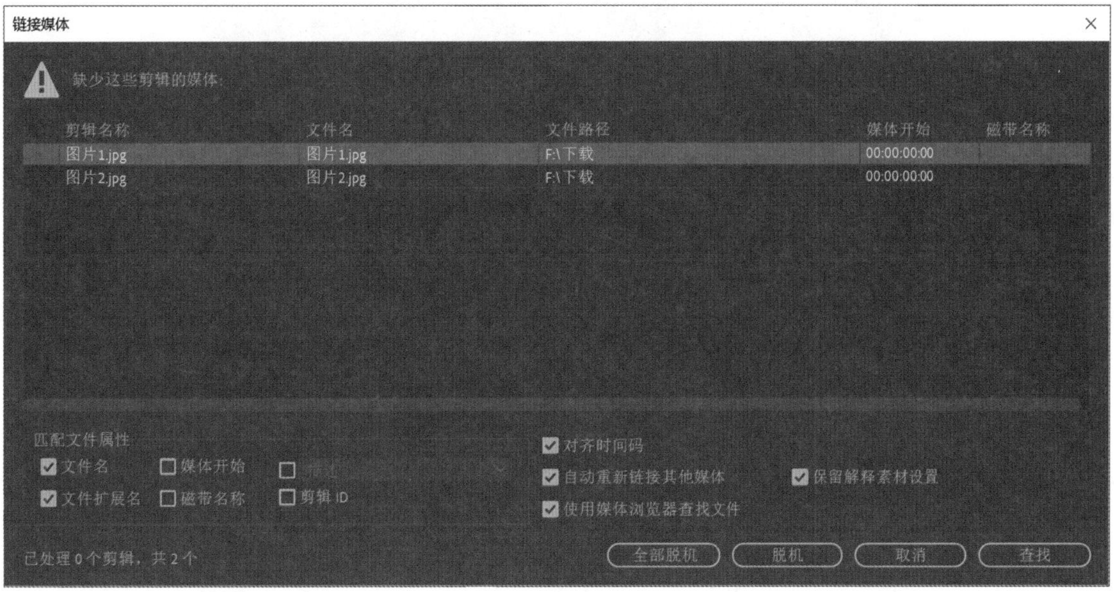

图 A03-20

可以手动将素材文件重新放回原来位置，如果找不到，可以使用【查找】功能，Premiere Pro 将在指定范围的文件夹查找丢失的素材，找到后，单击【确定】按钮即可找回。

A03.4 创建序列

1. 序列的含义

序列包含一系列剪辑，包括调整图层、视频、字幕、音频等，这些剪辑按先后顺序依次播放，形成一个完整的影片。一个项目可以包含任意多个序列，像剪辑一样，序列储存在【项目】面板中，并且有自己专属的图标 。

2. 新建序列

◆ 执行【文件】-【新建】-【序列】命令，快捷键为 Ctrl+N，如图 A03-21 所示。
◆ 也可以单击项目面板右下角的【新建项】按钮，在弹出菜单中选择【序列】选项，如图 A03-22 所示。

文件(F) 编辑(E) 剪辑(C) 序列(S) 标记(M) 图形(G) 视图(V) 窗口(W) 帮助(H)		
新建(N)	▶	项目(P)...	Ctrl+Alt+N
打开项目(O)...	Ctrl+O	作品(R)...	
打开作品(P)...		序列(S)...	Ctrl+N
打开最近使用的内容(E)	▶	来自剪辑的序列	
关闭(C)	Ctrl+W	素材箱(B)	Ctrl+B
关闭项目(P)	Ctrl+Shift+W	来自选择项的素材箱	

图 A03-21

图 A03-22

【序列预设】选项卡让新建序列变得更加简单。比如选择【AVCHD】-【1080p】-【AVCHD 1080p30】，会在右侧看到相应的预设描述等信息，如图 A03-23 所示。

图 A03-23

如果所选预设不符合需求，还可以在【设置】选项卡中进行调整，如图 A03-24 所示。

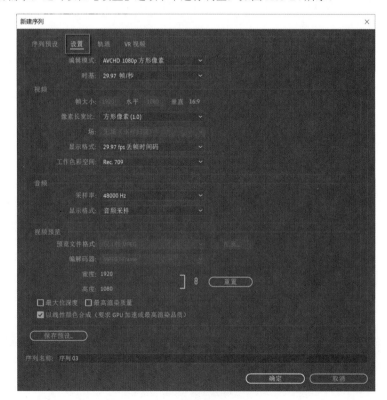

图 A03-24

3. 创建自动匹配源素材的序列

◆ 选中剪辑，右击选择【从剪辑新建序列】选项或者将剪辑拖曳到面板底部的【新建项】按钮上，即可创建自动匹配源素材的序列，如图 A03-25 所示。

图 A03-25

◆ 直接拖曳图片至时间轴也可以快速创建序列，系统会提示"在此处放下媒体以创建序列"，如图 A03-26 所示。

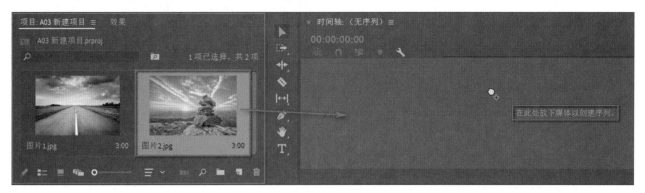

图 A03-26

Premiere Pro 自动创建匹配源素材的序列，序列的帧大小、帧速率等视频设置与源素材的信息完全匹配。

4. 修改序列设置

◆ 可以右击序列选择【序列设置】选项，随时修改序列的相关属性参数。
◆ 有时新建序列后添加剪辑，会出现弹窗信息，可以单击【更改序列设置】按钮，软件会自动根据素材调整序列设置，也可以单击【保持现有设置】按钮，如图 A03-27 所示。

图 A03-27

5. 将素材匹配序列

如果序列设置是已经是确定的，也可以对素材进行修改，以匹配当前序列。

在【时间轴】面板中选中一个或多个素材，右击选择【缩放为帧大小】或【设为帧大小】选项，如图A03-28所示。选择后可以看到，素材已经根据当前序列帧大小进行匹配。

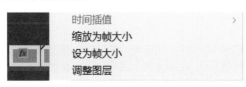

图A03-28

两者的区别为：如果选择【缩放为帧大小】选项，原始素材的分辨率会受到改变，例如原始素材是4K尺寸，当前序列为1080p，选择【缩放为帧大小】选项后分辨率降低；如果选择【设为帧大小】选项就不会影响到原始素材，在【效果控件】面板中可以看到【缩放】属性会根据序列大小而变化，以匹配序列帧大小。

A03.5 序列嵌套

1. 嵌套

嵌套就是将序列中的一个或者多个素材或序列组合到一起，变成一个新的序列，新的序列包含了原始的素材的效果、过渡等。

选择序列上的素材右击选择【嵌套】选项，在弹出的对话框中对嵌套序列进行命名，这里简单命名为"嵌套图片"，如图A03-29所示。

图A03-29

如果想要重新编辑嵌套序列里面的素材，可以打开项目面板双击序列，在时间轴上对素材进行修改。

2. 子序列

在主剪辑中，如果想要对项目中的一部分剪辑进行独立地编辑和管理，则可以创建"子序列"。

选择部分剪辑，右击选择【制作子序列】选项，在当前序列上并没有什么改变，在【项目】面板中会出现"图片1_

Sub_01"子序列，如图A03-30所示。双击打开子序列，该子序列中只会出现当时选中的剪辑。

图A03-30

扩展知识

编辑项目到一定阶段后，为了防止其他人随意更改项目，可以单击【项目】面板左下角的【项目可写】 ✎，切换为【项目只读】 🔒用来锁定项目，锁定项目后，针对当前项目的任何操作都被视为无效。

A03.6 了解视频基本知识

1. 电视广播制式

通过选择不同的预设格式，可以确定合成的尺寸、像素长宽比以及帧速率。全球两大主要的视频制式是NTSC和PAL，是根据不同国家的电压和频率来决定的。

◆ NTSC 制式：NTSC 电视标准用于美、日等国家和地区，北美的电压是 110V,60Hz。60Hz 适用 30 帧，所以 NTSC 制式的帧速率为 29.97 fps（帧 / 秒），标准尺寸为 720 px×480 px。

◆ PAL 制式：PAL 电视标准用于中国、欧洲等国家和地区，中国的电压是 220V,50Hz。50Hz 适用 25 帧，所以 PAL 制式帧速率为 25 fps，标准尺寸为 720 px×576 px。

2. 视频尺寸

随着芯片的发展，影像技术不断提高，视频的尺寸（也称分辨率）也经历着重大变化，从 SD（标清）到 HD（高清），再到 FHD（超高清）甚至 4K UHD、8K UHD，画面的清晰度越来越高，如图 A03-31 所示。

图 A03-31

◆ HD：高清，即 High Definition，是指垂直像素值大于等于 720 的图像或视频，也称为高清图像或高清视频，尺寸一般是 1280 px×720 px 和 1920 px×1080 px（即俗称的 720P 和 1080P）。

◆ 4K：4K 即 4K 超高清，也就是 Ultra HD，指尺寸为 4096 px×2160 px 的视频，相比于过去的 HD，分辨率提升四倍以上。

◆ 8K：8K 视频指的是尺寸能够达到 7680 px×4320 px 的视频。这种视频的像素量是 4K 的 4 倍，单帧画面可包含 3000 多万个像素，可以展现更多的画面细节。

像素值越高，所包含的像素就越多，图形也就越清晰。像素长宽比是视频画面内每个像素的长宽比，具体比例由视频所采用的视频标准所决定。

3. 帧速率

帧速率是指每秒钟刷新的图片的帧数，也可以理解为图形处理器每秒钟能够刷新几次，1 张图片即为 1 帧。对于人眼来说，物体被快速移走时不会立刻消失，会有 0.1 ～ 0.4 秒的视觉暂留。每秒播放 16 张图片，就会在人眼形成连贯的画面。早期的默片（无声电影）采用了较低的电影帧速率（见图 A03-32）。

图 A03-32

随着电影在技术和艺术上不断发展成熟，开始采取 24 fps 的拍摄和放映速度。直到现在，主流电影依然按照这个标准。

一些对作品有更高艺术追求的导演显然不满足于此。2019 年，李安导演的电影《双子杀手》采用了 120 fps 的帧速率（见图 A03-33）。

图 A03-33

相对于 24 fps 而言，120 fps 的画面显示直接将帧速率提高了 4 倍，超高帧速率不仅使电影看上去无限接近真实，而且完全没有模糊与"拖影"现象存在。

更高的帧速率可以得到更流畅、更逼真的画面，当然对解码和播放显示设备也有更高的要求。

总结

编辑操作需要一个平台，创意工作者在这个平台上发挥创意进行制作，Premiere Pro 中的平台就是创建一个"项目"通过生成 .prproj 项目文件对工作中的素材和剪辑进行统一管理。

读书笔记

本课来了解 Premiere Pro 的用户界面。打开本课提供的"水墨图文展示模板"项目文件，如图 A04-1 所示。

图 A04-1

Premiere Pro 的用户界面包含多个面板，每个面板都有特定的用途。例如，【效果】面板包含所有常用的效果，【效果控件】面板则是用来修改这些效果设置的。

A04.1　工作区

工作区包含了一系列预先排列好的面板，如图 A04-2 所示。不同工作区执行不同的工作命令，例如编辑工作区适合做编辑任务，音频工作区适合处理音频，颜色工作区适合调整颜色等。直接点击右上角的工作区切换按钮 ，在弹窗中选择工作区就可以在各个工作区切换了。

也可以根据自己的操作习惯自定义工作区。

调整好界面布局，就可以将当前工作区另存为新工作区，在弹出的对话框中输入工作区的名称即可，如图 A04-3 所示。

如果工作区的面板混乱了，选择【重置为已保存的布局】选项就可以恢复当初保存的布局。还可以选择【编辑工作区】选项，在弹出的对话框中拖动各个工作区，使工作区显示在栏中、在溢出菜单中或者不显示，如图 A04-4 所示。

图 A04-2　　　　　　　图 A04-3　　　　　　　图 A04-4

A04.1　工作区
A04.2　面板介绍
A04.3　调整面板
总结

A04.2 面板介绍

1.【项目】面板

面板的主要作用是管理素材文件，显示文件的名称、缩略图、长度、大小等基本信息，面板底部有【列表/图标显示方式】【查找选项】【新建素材箱】【新建项】【删除】等常规操作按钮，如图 A04-5 所示。

图 A04-5

2.【媒体浏览器】面板

在该面板中可以直接浏览硬盘中的媒体相关文件，便于用户查找并导入素材，如图 A04-6 所示。

图 A04-6

3.【库】面板

【库】面板可以保存自定义的转场、效果预设、字幕等，方便在项目中重复使用，类似于保存预设功能。

4.【信息】面板

在项目中选择一个素材，或者从序列中选择一个剪辑或过渡时，相关信息就会在【信息】面板中显示出来，如图 A04-7 所示。

图 A04-7

5.【效果】面板

【效果】面板中包含可以应用到剪辑上的效果，包括视频效果、音频效果、过渡等。这些效果都是按类型分组的，方便查找。在面板顶部有一个搜索框，通过输入关键字即可快速查找到所需要的效果，如图 A04-8 所示。效果一旦应用，其控制参数就会在【效果控件】面板中显示出来。

图 A04-8

6.【效果控件】面板

当把一个效果应用到剪辑之后，该效果的控制参数就会在【效果控件】面板中显示出来。在【时间轴】面板中选择一个视频剪辑，就可以对【运动】【不透明度】【时间重映射】等效果参数进行调整，如图 A04-9 所示。

图 A04-9

7.【标记】面板

给素材文件添加标记，可以快速定位到标记的位置，为操作者提供方便。若素材中标记点过多则容易混淆，可以给标记赋予不同的颜色，如图 A04-10 所示。

图 A04-10

8.【历史记录】面板

【历史记录】面板用于记录所操作过的步骤。在操作时若想快速回到之前的状态，可在【历史记录】面板中选择想要回到的步骤。若想清除全部历史步骤，可在【历史记录】面板中右击选择【清除历史记录】选项，如图 A04-11 所示。

图 A04-11

9.【源监视器】面板

双击某个素材，打开【源监视器】面板，可以播放、预览源素材，还可以对源素材进行初步的编辑（设置入点、出点）；音频素材可以以波形方式显示，如图 A04-12 所示。

图 A04-12

10.【音频剪辑混合器】面板

在【音频剪辑混合器】面板中可调整音频素材的声道、效果，还可以进行音频录制相关操作，如图 A04-13 所示。

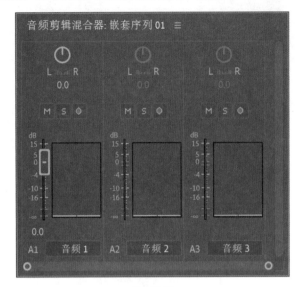

图 A04-13

11.【元数据】面板

【元数据】面板可以更为详细地展示素材的原始数据痕迹，除了展示入点、出点之外，拍摄日期、拍摄设备、是否脱机等都会直接展示，方便随时调用和查看，如图 A04-14 所示。

图 A04-14

12.【节目监视器】面板

【节目监视器】面板位于右侧，与左侧【源监视器】面板相似，可对序列上的素材进行预览、编辑，显示序列中当前时间点的素材编辑后的效果，如图 A04-15 所示。

图 A04-15

13.【工具】面板

【工具】面板的工具主要用于编辑【时间轴】面板中的素材文件，部分图标的右下角有一个三角形标志，表示该图标下包含多个工具，如图 A04-16 所示。

图 A04-16

14.【时间轴】面板

【时间轴】面板是主要的工作区域，是 Premiere Pro 界面中的重要面板之一，包括轨道层、时间标尺、时间指示器（指针）等。在【时间轴】面板中可以编辑和剪辑视频、音频文件，为文件添加字幕、效果等，如图 A04-17 所示。

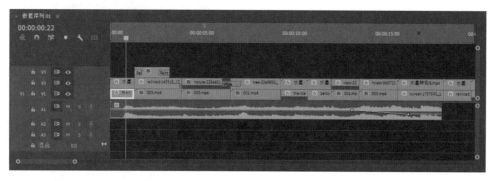

图 A04-17

豆包："有的面板找不到了，怎么办？"

在学习面板知识的过程中，如果找不到想找的面板，可以在【窗口】菜单中调出面板，拖动面板到适合位置；也可以在工作区中右击并选择【重置为已保存的布局】选项，恢复面板位置。

A04.3 调整面板

在 Premiere Pro 中，所有的面板都可以根据自己的操作习惯调整位置、大小，在面板顶部的标签上单击 ■ 按钮，可以在弹出菜单中对面板进行操作，如图 A04-18 所示。

> 关闭面板
> 浮动面板
> 关闭组中的其他面板
> 面板组设置　　　　　　　　　　＞

图 A04-18

选择【浮动面板】选项，面板会在工作区中浮动显示，可以将面板随意移动到任何位置，如图 A04-19 所示。

图 A04-19

选择【面板组设置】选项还可以对多个面板一起操作，如图 A04-20 所示。选择【取消面板组停靠】选项可以将整个面板组变为浮动面板；选择【最大化面板组】选项可以将面板区域变为最大显示，工作区中的其他面板就会消失；选择【堆叠的面板组】选项可以将面板组中的面板变为选项卡的形式，如图 A04-21 所示。

图 A04-20

图 A04-21

在不同的面板标签上右击，弹出的菜单中会显示不同的选项，比如在【效果控件】面板标签上右击会显示【储存预设】【移除效果】等选项，在【时间轴】面板标签上右击会显示【时间标尺数字】【视频头缩览图】等选项，这些面板中的不同选项在后面的课程中会慢慢接触到。

总结

了解主界面的基本设置，熟悉软件的操作空间，为不同的工作类型定义不同的工作区，使之符合自己的操作习惯，让工作更有效率。

 读书笔记

A 入门篇

基本概念 基础操作

A05课

浏览时间的画面

监视器和时间轴

A05.1 监视器

监视器相当于 Premiere Pro 的眼睛，用于预览素材或显示剪辑后的效果；监视器分为【源监视器】与【节目监视器】。

1. 节目监视器的布局

【节目监视器】分为预览区和功能区，如图 A05-1 所示。

图 A05-1

- ◆ 预览区是查看素材和最终效果的区域。
- ◆ 功能区主要由功能按钮组成，是主要的功能区域。

2. 节目监视器的功能按钮

下面讲解【节目监视器】的功能按钮，打开本课提供的项目"水果"，这时【节目监视器】的功能区如图 A05-2 所示。

图 A05-2

- ◆ 00;00;00;00 【时间码】：显示序列的当前帧的时间，指在时间轴上指针所在的时间。
- ◆ 适合 【选择缩放级别】：用于设置监视器中画面放大、缩小的比例。
- ◆ 完整 【选择回放分辨率】：用于设置在监视器中播放视频的分辨率。分辨率数值越大，视频越清晰；分辨率数值越小，视频越模糊。这里的分辨率并不影响序列实际的分辨率，如图 A05-3 所示分别为完整分辨率和四分之一分辨率的效果。

A05.1 监视器
A05.2 时间轴
A05.3 轨道
A05.4 时间轴工具
总结

完整分辨率　　　　　　　　　　　　　四分之一分辨率

素材作者：Mairo Arvizu

图 A05-3

◆ ✎【设置】：设置在监视器中显示或隐藏控件，单击展开如图 A05-4 所示的菜单。

　　●【安全边距】：在监视器中添加安全框，如图 A05-5 所示。

图 A05-4　　　　　　　　　　　　　　图 A05-5

◉【透明网格】：用于显示和隐藏透明背景，效果如图 A05-6 所示。

图 A05-6

◉【显示标尺】：用于显示画面标尺，在标尺中拖曳可以看到参考线，将其移动至画面用于参照，如图 A05-7 所示。

图 A05-7

◆ 00;00;00;00 【入点 / 出点持续时间】：是序列的入点和出点之间的时间差。未设置入点 / 出点时，则是序列中最后一个剪辑结束的时间。

◆ ◙【时间指示器】：其作用与时间轴的指针类似。

◆ ◙【添加标记】：在序列或者时间轴上添加标记，快捷键为 M。

◆ ▎【标记入点】：标记入点，快捷键为 I。

◆ ▎【标记出点】：标记出点，快捷键为 O。

◆ ◄【转到入点】：将指针移动到入点的位置，快捷键为 Shift+I。

◆ ◄◙【后退一帧】：将指针向后移动一帧，快捷键为左方向键。

◆ ▶【播放 / 停止】：播放序列或者停止序列，快捷键为空格键。

◆ ◙▶【前进一帧】：将指针向前移动一帧，快捷键为右方向键。

◆ ◄►【转到出点】：将指针移动到出点的位置，快捷键为 Shift+O。

◆ ◙【提升】：在激活当前轨道的情况下，删除入点至出点的片段，会留下间隙，如图 A05-8 所示分别为提升前与提升后。

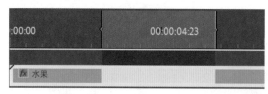

提升前　　　　　　　　　　　　　　　　　　提升后

图 A05-8

◆ ◙【提取】：在激活当前轨道的情况下，删除入点至出点的片段并将余下片段前移，不会留下间隙，如图 A05-9 所示分别为提取前与提取后。

| 提取前 | 提取后 |

图 A05-9

- ◆ 📷【导出帧】：导出当前帧，快捷键为 Ctrl+Shift+E。
- ◆ 🔲【比较视图】：将监视器分为两个屏幕，其作用是定位两个不同时间段进行比较。如图 A05-10 所示为在【比较视图】中以 🔲【并排】的方式进行不同时间段的比较。

图 A05-10

【比较视图】中还有 🔲【垂直拆分】与 🔲【水平拆分】两种方式，如图 A05-11 所示。

图 A05-11

- ◆ 🔲【按钮编辑器】：可以调整按钮布局，根据自己的需要删减或添加按钮。

3. 节目监视器和源监视器的区别

　　【源监视器】与【节目监视器】看似相同实则不同，【源监视器】用于对素材进行查看和编辑，可以对素材进行粗剪，即提取视频或音频，或者截取视频中的某一段；而【节目监视器】是 Premiere Pro 的重要面板，用于对序列进行实时监视和浏览，并有更多的辅助功能，它们的不同具体如下。

- ◆ 【源监视器】只可查看或粗剪单一素材的视频或音频；【节目监视器】则可查看或剪辑多条轨道中的多个视频与音频，显示当前序列的内容。
- ◆ 【源监视器】的主要功能是查看剪辑原始的内容（主剪辑的效果除外）；【节目监视器】是对序列进行实时监视、浏览，且有丰富的辅助功能。
- ◆ 【源监视器】和【节目监视器】虽然都有时间标尺，但【节目监视器】与时间轴关联。
- ◆ 【源监视器】使用【插入】与【覆盖】，将剪辑或剪辑的片段插入序列；【节目监视器】则使用【提取】与【提升】把剪辑或剪辑的片段在序列中删除。
- ◆ 【源监视器】标记的是源素材的入点、出点；【节目监视器】标记的是序列中的入点、出点。

A05.2　时间轴

时间轴记录了整个项目每一刻发生的所有数据，时间轴细分为视频轨道、音频轨道，可以单独对任意轨道进行编辑。在时间轴上利用编辑点可以对素材进行简单的编辑，也可以对轨道进行锁定，保证素材不会被随意改变。

【时间轴】面板是 Premiere Pro 的主要工作区之一，很多工作都是在这个面板中完成的，其中包括工具、视频素材、音频素材、文字、过渡等内容。每个序列都有自己的时间轴，时间轴的长度表示序列所持续的时间，以水平方向显示，从左到右表示时间的流逝，如图 A05-12 所示。

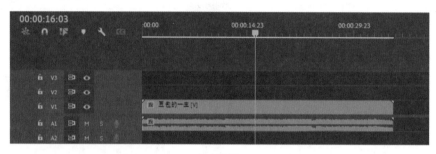

图 A05-12

1. 播放指示器（指针）

【播放指示器】俗称"指针"，如图 A05-13 所示，本书后文中将统一简称为"指针"。

图 A05-13

在【时间轴】面板上左右移动指针，可以在【节目监视器】中看到剪辑的内容。这种浏览方式叫作手动播放预览。

【源监视器】和【节目监视器】中的指针用途都一样，

移动指针浏览剪辑或序列；也可以单击时间码输入准确的时间值，指针将自动跳转到相应的时间位置。

单击【节目监视器】中的▶或按空格键，即可播放序列或监视器显示的内容，指针会随着播放自动移动。

> **SPECIAL　扩展知识**
>
> 按Shift+上/下方向键，指针自动跳转到序列中的编辑点。
>
> 按住Shift键移动指针，指针会自动吸附到序列中的编辑点；也可以修改设置，在【编辑】—【首选项】—【时间轴】下选中【启用对齐时在时间轴内对齐时间指示器】复选框，可以在移动指针时自动吸附到剪辑中的编辑点。

2. 时间码

【时间码】表示的是当前时间，也就是指针所在位置的时间值，如图 A05-14 所示。

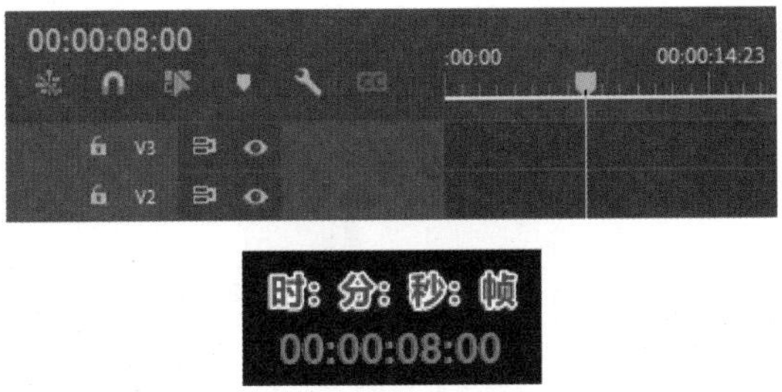

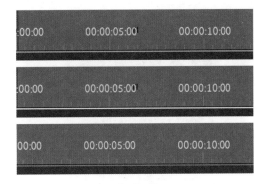

图 A05-14

单击【时间码】可以更改时间值，更改后指针会直接跳转到相应的时间点；光标移动到【时间码】上时会变成 `00:00:08:00`，左右拖曳可以更改时间值，指针会随着时间值的改变而移动，如图 A05-15 所示。

图 A05-15

更改"帧"数值时，如果输入的数值大于等于帧速率会自动向"秒"进位，例如本序列帧速率为 25，如果输入 0:00:00:25 会自动变为 0:00:01:00，同理"秒"最大可输入值为 59，大于等于 60 会自动向"分"进位，以此类推。

按住 Ctrl 键在【时间码】上单击，显示单位会变成"帧（f）"，【时间标尺】上的单位也会相应做出改变，如图 A05-16 所示。

图 A05-16

3. 时间标尺

【时间标尺】显示时间的刻度，右击【时间标尺】可以选择是否显示时间标尺数字或者音频时间单位，如图 A05-17 所示。

图 A05-17

【时间标尺】的下方有实时渲染状态指示条，不同的颜色代表实时渲染的完成进度，如图 A05-18 所示。

图 A05-18

- 🟢 绿色指示条：绿色表示已渲染部分，可以实时预览项目。
- 🟡 黄色指示条：黄色表示未渲染部分，但不需要渲染即可实时预览项目。
- 🔴 红色指示条：红色表示未渲染部分，需要渲染后才能实时预览项目。

4. 时间标尺刻度缩放

- ◆ 滚动鼠标滚轮或左右拖曳水平滚动条，或者使用【手形工具】，可以前后移动查看【时间标尺】刻度，便于观察剪辑的前后情况，如图 A05-19 所示。

图 A05-19

- ◆ 拖动滚动条两侧端点，或者使用【缩放工具】，可以缩放【时间标尺】刻度，以便观察剪辑的整体或细节。

SPECIAL 扩展知识

按住 Alt 键的同时滚动滚轮，或者双击滚动条，可以展示当前窗口下【时间标尺】的最大时间刻度范围。

A05.3 轨道

1. 轨道的含义

轨道用于存放素材，序列中有视频轨道和音频轨道。上半部分的"V"轨道即 Video，是视频轨道；下半部分的"A"轨道即 Audio，是音频轨道，如图 A05-20 所示。在工作时，需要将素材添加到轨道上。

图 A05-20

2. 添加 / 删除轨道

视频轨道用于存放视频、图片、图形、调整图层等素材，音频轨道用于存放标准、5.1、自适应、单声道等素材。

根据编辑需要，可以任意新建或删除视频轨道。在轨道区域右击并选择【添加单个轨道】选项即可添加新轨道，如图 A05-21 所示。

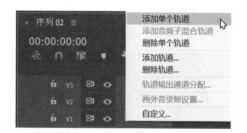

图 A05-21

如果想要一次添加多个轨道，右击并选择【添加轨道】选项，在弹出的对话框中选择新增轨道的数量和放置的位置，如图 A05-22 所示。

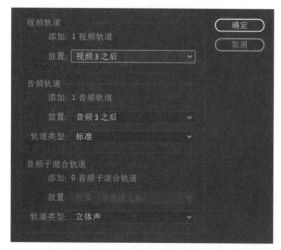

图 A05-22

3. 轨道锁定

单击轨道前面的【切换轨道锁定】 按钮，可以将轨道上的剪辑全部锁定，不能对其进行任何操作，如图 A05-23 所示，再次单击按钮可以取消轨道锁定。

图 A05-23

4. 轨道输出

【切换轨道输出】 可以控制显示或隐藏轨道中的所有剪辑。

5. 轨道视图

按住 Shift 键，在轨道空白处滚动鼠标滚轮可以放大或缩小所有轨道的高度；按住 Alt 键，在轨道空白处滚动鼠标滚轮可以放大或缩小光标所在轨道的高度。

在轨道空白处双击，可将光标所在轨道的高度缩放为最大，如图 A05-24 所示。

图 A05-24

6. 同步锁定

【切换同步锁定】 按钮可以帮助用户在编辑过程中使多个轨道保持时间同步。

打开"绿色草地"序列，"图片 1"与"绿色草地"在同一时间开始，如图 A05-25 所示。

图 A05-25

移动指针到 0 秒处，在【项目】面板中选择"图片 2"，右击并选择【插入】选项，插入后，"图片 1"与"绿色草地"依然是同步的，如图 A05-26 所示。

图 A05-26

撤销以上步骤，单击 V2 轨道关闭【切换同步锁定】 按钮，再次选择"图片 2"插入，则"图片 1"与"绿色草地"时间发生错位，不再同步，如图 A05-27 所示。

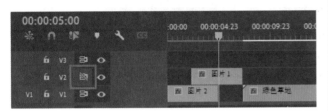

图 A05-27

7. 自定义轨道头

在轨道空白区域右击并选择【自定义】选项可以自定义轨道头，打开按钮编辑器，拖曳按钮到轨道后单击【确定】按钮即可自定义轨道头，放大轨道可以看到新添加的按钮。

自定义视频轨道，默认关闭功能的按钮不显示，如图 A05-28 所示。

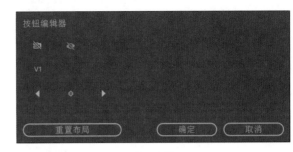

图 A05-28

自定义音频轨道，如图 A05-29 所示。

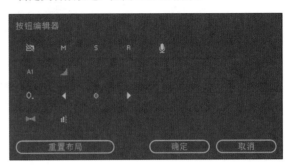

图 A05-29

◆ ▣【启用轨道以进行录制】：用于录制音频使用。
◆ ▣【左右平衡】：控制音频左右声道平衡。
◆ ▣【轨道计】：显示音频输出音量，随着音量变化电平表会动态显示。

A05.4　时间轴工具

【时间轴】面板的左上角区域有一排按钮，即时间轴工具。

◆ ▣【序列嵌套开关】：激活状态下，从【项目】面板中将某序列添加到当前序列时，会以完整序列的形式嵌套进来；取消激活状态，则会以素材剪辑的形式添加到当前序列。
◆ ▣【在时间轴对齐】：激活状态下，在拖曳剪辑的过程中，剪辑会自动吸附到序列中的剪辑点上。
◆ ▣【连接选择项】：激活状态下，带有音频的素材与视频是链接的；取消激活状态，视频与音频就会分离。
◆ ▣【添加标记】：单击按钮，在时间轴上添加标记点。
◆ ▣【时间轴显示设置】：打开可以选择在时间轴中显示的内容。
◆ ▣【字幕轨道选项】：专门存放字幕的轨道，单击可以改变显示字幕轨道的方式。
这些工具在此先做一般性的了解，详细用法会在后面的课程和实例中学习。

总结

学习完本课知识，读者应该对"非线性编辑"有了更深的认识。在编辑的过程中，可以在序列上随意跳至任意时间片段、剪辑场景等，能让用户尽情发挥自己的创意，不再被线性编辑局限。

A06课

剪辑的基本操作

剪得断，理不乱！

A06.1　了解蒙太奇
A06.2　将剪辑添加到序列
A06.3　选择/移动剪辑
A06.4　复制与粘贴
A06.5　切割与修剪
A06.6　删除剪辑
A06.7　实例练习——简单视频剪辑
A06.8　标记点的添加与删除
A06.9　查找序列中的间隙
A06.10　剪辑的启用与关闭
A06.11　视频与音频的分割与链接
A06.12　序列入点与出点
A06.13　综合案例——剪辑滑雪短
　　　　视频
A06.14　作业练习——音乐节奏
　　　　剪辑
总结

A06.1　了解蒙太奇

蒙太奇（Montage）是将不同的镜头拼接在一起，以不同的时间、地点来表现人物、环境、情节等，有时会产生意想不到的效果。广义上来说，这种"剪接"做法就是蒙太奇，是由镜头组合构成的影视语言。

🔘 电影《信条》运用了复杂的蒙太奇，展现了高超的叙事手法（见图 A06-1）。

图 A06-1

对影像素材进行剪辑是 Premiere Pro 最基础、最核心的功能，也就是俗称的"剪片子"，基于蒙太奇的手法，对影像进行二次创作，完成最终成片。

新建项目"A06课 剪辑的基本操作"，导入视频素材"海岸""海滩""高空"，如图 A06-2所示。

素材作者：Marco López

图 A06-2

执行【文件】-【新建】-【序列】命令，在弹出对话框中选择序列预设【AVCHD】-【1080p】-【AVCHD 1080p30】，单击【确定】按钮。

接下来通过一系列实际操作，了解剪辑的一些基本知识。

A06.2　将剪辑添加到序列

1. 添加方法

◆ 在【项目】面板中选中素材，右击选择【插入】选项（快捷键为逗号键），或者【覆盖】选项（快捷键为句号键），添加的素材以指针所在位置为起点。

在【项目】面板中选择"海岸"右击选择【插入】选项，再次选择"高空"按逗号键，轨道上出现第二个视频，如图 A06-3 所示。

图 A06-3

选择多个剪辑添加到轨道时，选择的顺序会直接影响它们在轨道上的排列顺序。例如在选择剪辑时选择的顺序为视频 1、视频 2、视频 3，那么添加到轨道后，从左到右的排列顺序为视频 1、视频 2、视频 3。

◆ 或者在【项目】面板中选中素材，拖曳至轨道的任意位置。如图 A06-4 所示为选择"海滩"拖曳至"高空"后面的效果。

图 A06-4

◆ 还可以在【项目】面板选中素材，直接拖曳到【节目监视器】，在相应区域释放即可，如图 A06-5 所示。

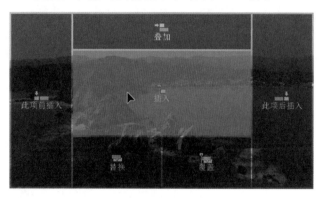

图 A06-5

- 【此项前插入】：在 V1 轨道的当前指针所在项前插入剪辑。
- 【此项后插入】：在 V1 轨道的当前指针所在项后插入剪辑。
- 【叠加】：新建轨道，并在当前指针所在位置添加剪辑。
- 【插入】：在 V1 轨道的当前指针所在位置插入剪辑。
- 【替换】：在 V1 轨道上替换当前指针所在项。
- 【覆盖】：在 V1 轨道的当前指针所在位置覆盖剪辑。

2. Ctrl、Shift、Alt 键作用

◆ 在【项目】面板中选择"海岸"，按住 Ctrl 键的同时将其拖曳至 V2 轨道，时间点为 V1 轨道的两个视频中间，如图 A06-6 所示。

图 A06-6

表示在当前时间点插入所选剪辑，序列中的所有剪辑同步向右移动，如图 A06-7 所示。

图 A06-7

◆ 在【项目】面板中选择素材"海滩"，按住 Ctrl+Alt 键的同时拖曳到 V2 轨道上，如图 A06-8 所示。

图 A06-8

表示只对当前轨道插入所选剪辑，其他轨道上的剪辑位置不变，如图 A06-9 所示。

图 A06-9

◆ 在【项目】面板中选择素材"高空"，按住 Alt 键的同时拖曳到轨道上的任意剪辑上，如图 A06-10 所示。

图 A06-10

素材由原来的"海滩"变成"高空"，表示替换为所选剪辑，如图 A06-11 所示。

图 A06-11

◆ 在【项目】面板中选择素材，按住 Shift 键的同时将其拖曳到时间轴任意轨道上，如图 A06-12 所示。

图 A06-12

发现只能放在轨道的开始处且会覆盖掉右面部分剪辑，表示在轨道最前端插入并覆盖剪辑，最终效果如图 A06-13 所示。

图 A06-13

豆包："为什么我按了快捷键却没有反应？"

使用快捷键必须保证输入法是在英文状态下，中文状态下会显示输入字符。

3. 重命名

在时间轴选中剪辑，右击选择【重命名】选项重新命名，可以将剪辑与其他剪辑区分开。

4. 编辑点图示

源素材的起点与终点处有小三角，表示源素材未经修剪，拥有完整的时间长度，如图 A06-14 所示。

图 A06-14

修剪过的源素材小三角消失，入点与出点表示素材在序列中的持续时间，如图 A06-15 所示。

图 A06-15

一段剪辑被分割成两个片段，表示生成新的编辑点，如图 A06-16 所示。

图 A06-16

5. 添加标签

在轨道上可以为剪辑添加不同标签，选择剪辑右击展开

【标签】选项可以看到不同的颜色标签，如图 A06-17 所示。

图 A06-17

在轨道上为多个素材添加标签，如图 A06-18 所示。

图 A06-18

标签的作用是对轨道上的素材进行分类，选择 V2 轨道的"海岸"，右击选择【标签】-【选择标签组】选项，可以同时选中序列中所有同标签的素材。

6. 对插入和覆盖进行源修补

表示对插入和覆盖进行源修补，称为【源轨道指示器】，可以控制向轨道中插入素材时的轨道位置。

双击素材"图片 1"，【源监视器】中会显示该图片，单击【插入】按钮，【序列】面板的 V1 轨道上会出现"图片 1"，这是因为【源轨道指示器】默认在 V1 轨道上，如图 A06-19 所示。

图 A06-19

单击【源轨道指示器】上方空白区域，将其移动到 V2 轨道上，再次单击【插入】按钮，素材就会出现在 V2 轨道上，如图 A06-20 所示。

图 A06-20

7. 以此轨道为目标切换轨道

【序列轨道选择器】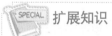 表示以此轨道为目标切换轨道，可以控制在轨道中粘贴素材时，素材生成的位置。将"图片 1"插入 V1 轨道，"图片 2"插入 V2 轨道，选择"图片 1"复制（Ctrl+C），将指针移动至 4 秒处粘贴（Ctrl+V），新复制的图片就会出现在 V1 轨道上，如图 A06-21 所示。

图 A06-21

单击关闭 V1、V2 轨道的【序列轨道选择器】，再次复制、粘贴，新生成的素材会出现在 V3 轨道上，如图 A06-22 所示。

单击打开 V2 轨道的【序列轨道选择器】，再次复制、粘贴，新生成的素材会出现在 V2 轨道上，如图 A06-23 所示。

图 A06-22

图 A06-23

单击关闭所有轨道的【序列轨道选择器】，将指针移动至 8 秒处，再次复制、粘贴，新生成的素材出现在 V1 轨道上；选择"图片 2"复制、粘贴，则新生成的素材出现在 V2 轨道上，如图 A06-24 所示。

图 A06-24

由此总结出规律：粘贴的剪辑会出现在已经打开【序列轨道选择器】的轨道上，如果同时打开多个，则出现在其中最下方的轨道上；如果关闭所有【序列轨道选择器】，则粘贴的剪辑会出现在原来轨道上。

A06.3　选择 / 移动剪辑

1. 选择工具

要选择序列中的一个剪辑，最简单的方法是单击它。

- 单选：使用【选择工具】■（快捷键为 V）单击序列上的剪辑。
- 多选：按住 Shift 键的同时单击其他剪辑，可以同时选中多个剪辑，再次单击剪辑可以取消选择。
- 全选：执行【编辑】-【全选】命令可以快速选中序列上的所有剪辑，快捷键为 Ctrl+A。

> **SPECIAL 扩展知识**
>
> 选中多个剪辑，右击选择【编组】选项可以将所选剪辑连接在一起，单击任意一剪辑，可以同时选中整个编组。

2. 向前选择轨道工具 / 向后选择轨道工具

长按【工具】面板的【向前选择轨道工具】，如图 A06-25 所示。

图 A06-25

◆ 【向前选择轨道工具】：从选择的剪辑到序列的末尾，序列上的每个剪辑都会被选中，如图 A06-26 所示。

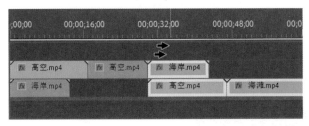

图 A06-26

◆ 【向后选择轨道工具】：从选择的剪辑到序列的开始，序列上的每个剪辑都会被选中，如图 A06-27 所示。

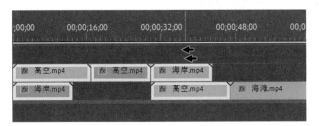

图 A06-27

3. 移动剪辑

选中剪辑后用鼠标左右拖曳，可以移动剪辑。

◆ 按 Alt+ 左 / 右方向键可以实现微调，每次移动 1 帧；按 Shift+Alt+ 左 / 右方向键可以一次移动 5 帧。

◆ 选中剪辑后用鼠标上下拖曳，可以在不同轨道间移动剪辑，快捷键为 Alt+ 上 / 下方向键。

◆ 按住 Shift 键的同时移动剪辑，剪辑只能在当前时间点上下变换轨道。

◆ 按住 Ctrl+Shift 键的同时左右移动剪辑，剪辑只能在当前轨道左右移动。

4. 移动覆盖和插入

打开"序列 02"，如图 A06-28 所示，

图 A06-28

◆ 移动覆盖：选中剪辑"高空"，在时间轴上移动，移动到"海滩"上面，光标外观会发生改变，松开鼠标，重叠部分就会被所选剪辑覆盖，如图 A06-29 所示。

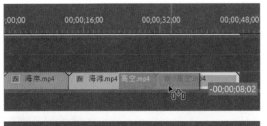

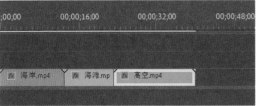

图 A06-29

◆ 移动插入：撤销以上修改。选中"海岸"，移动到"海滩"与"高空"之间，鼠标不松开的同时按住 Ctrl 键，光标会发生改变并出现插入符号，如图 A06-30 所示。

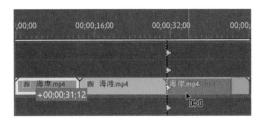

图 A06-30

松开鼠标后，"海岸"插入"海滩"与"高空"之间，但是"海岸"的原始位置会留下间隙，如图 A06-31 所示。

图 A06-31

撤销以上修改，选中"海岸"，先按住 Ctrl 键，然后将剪辑移动到"海滩"与"高空"之间，松开鼠标，"海岸"的原始位置不会留下间隙，如图 A06-32 所示

图 A06-32

A06.4 复制与粘贴

◆ 在序列中选中一个或者多个剪辑，按 Ctrl+C 快捷键复制剪辑，移动光标到指定位置，按 Ctrl+V 快捷键粘贴剪辑，即可完成剪辑的复制。

◆ 选中一个或者多个剪辑，按住 Alt 键将其拖曳到指定位置，松开鼠标完成复制，如图 A06-33 所示。

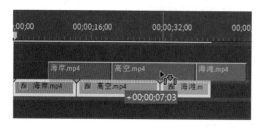

图 A06-33

◆ 粘贴插入：选择"高空"将指针移动至"海滩"与"海岸"之间，快捷键为 Ctrl+Shift+V，可以将视频粘贴并将其同时插入当前指针处。

A06.5 切割与修剪

1. 切割片段

下面来介绍真正的"剪辑"操作，就是把素材切割为若干片段。

◆ 使用【工具】面板的【剃刀工具】 ◈ ，在序列中的剪辑上单击，即可将剪辑切割为两段，快捷键为 Ctrl+K。

◆ 按住 Shift 的同时切割，可以切割序列上所有轨道的剪辑。

◆ 按 Ctrl+Shift+K 快捷键可以将当前指针处所有轨道上的剪辑切开。

2. 还原切割

被切割开的剪辑还可以还原为完整剪辑，单击选中编辑点，编辑点会以红色高亮显示，如图 A06-34 所示。右击选择【通过编辑链接】选项或者直接按 Delete 键即可将切开的两段剪辑重新连接。

图 A06-34

3. 修剪、波纹修剪、滚动修剪

◆ 修剪：光标在剪辑的入点 ◈ /出点 ◈ 处会发生改变，如图 A06-35 所示，单击并移动可以对剪辑进行修剪。

图 A06-35

长按【波纹编辑工具】可以选择不同的编辑工具，如图 A06-36 所示。

图 A06-36

◆ 波纹修剪：使用【波纹编辑工具】，光标在剪辑的入点 ◈ /出点 ◈ 处会发生改变，如图 A06-37 所示。单击并移动对素材进行修剪，这种修剪方式不会改变与相邻剪辑的时间间隔。

图 A06-37

◆ 滚动修剪：使用【滚动编辑工具】，光标放在两段剪辑之间，如图 A06-38 所示，单击并左右移动可以同时改变两个剪辑的长度，但是两段剪辑总长度不会改变。

图 A06-38

扩展知识

在使用【选择工具】时，按住Ctrl键的同时光标放在剪辑的入点/出点两个边缘的内部附近，会切换为【波纹编辑工具】；光标刚好放在两个剪辑入点/出点边缘，会切换为【滚动编辑工具】。

扩展知识

按住Shift键，同时选择多个编辑点并移动，可以同时对多个剪辑进行修剪，前后效果如图A06-39所示。

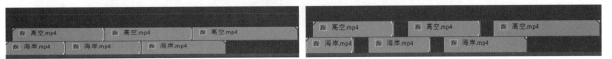

图 A06-39

按住Crtl+Shift键，同时选择多个编辑点并移动，可以同时对多个剪辑进行波纹修剪；同样按住Crtl+Shift键，光标放在两个剪辑之间，同时选择多个编辑点并移动，可以同时对多个剪辑进行滚动修剪。

A06.6　删除剪辑

1. 清除

选中一个剪辑或多个剪辑，右击选择【清除】选项或者直接按 Delete 键。

2. 波纹删除

选中一个剪辑或多个剪辑，右击选择【波纹删除】选项，这个功能在删除的同时不会留下间隙。
如果其他轨道中【轨道锁定】处于锁定状态下，【波纹删除】不会对其轨道产生作用。

A06.7　实例练习——简单视频剪辑

利用刚学到的知识，将视频中俯视的画面剪辑出来。

操作步骤

01 导入素材"办公视频"，在【项目】面板拖曳"办公视频"到底部【新建项】按钮上创建序列，如图 A06-40 所示。

素材作者：Yana

图 A06-40

02 播放视频，在【节目监视器】中可以看到，视频中有两段镜头是俯视画面，如图 A06-41 所示。

图 A06-41

03 在视频的 24 秒 12 帧处，使用【剃刀工具】 ◈ 进行切割，产生一个编辑点，如图 A06-42 所示。

图 A06-42

04 观看视频发现在 1 分 1 秒 25 帧处镜头结束，再次使用【剃刀工具】 ◈ 切割出一个编辑点。

05 框选后两段视频，向左拖曳到序列 0 秒处，将前面部分覆盖，如图 A06-43 所示。

图 A06-43

06 发现前面一段俯视镜头时间太长，移动底部滚动条两侧端点，放大时间标尺，使用【波纹修剪工具】，将光标放至编辑点处，单击并向左移动，如图 A06-44 所示。这样，俯视的镜头就被修剪出来了，如图 A06-45 所示。

图 A06-44　　　　　　　　　　　　　　　　　　　图 A06-45

A06.8　标记点的添加与删除

标记用来标识剪辑和序列中的特定时间点，允许给标记添加注释。

1. 添加标记

◆ 在没有选中任何剪辑的状态下，单击时间轴左上角的 ▣ 【添加标记】按钮，快捷键为 M；或者在时间标尺的选定位置上右击，单击菜单中的【添加标记】命令，即可在时间标尺上添加标记。

◆ 如果选择某个剪辑，则是在剪辑上添加标记。

双击标记，或者右击标记选择【编辑标记】选项，可以编辑标记的属性，如图 A06-46 所示。

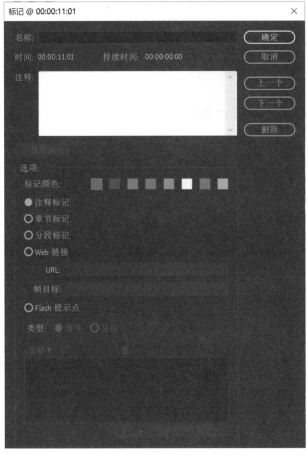

图 A06-46

可为标记命名，添加注释等。标记类型有多种，可为每种标记设置不同的颜色。

- 注释标记：普通的标记点，对时间轴进行标注。
- 章节标记：将整个序列不同的章节进行分类标记，输出视频后，在观看时可以快速跳转到章节处。
- 分段标记：将视频进行分段标记，在一些视频服务器中可以识别，用来插入广告等功能。
- Web 链接：输入 URL 地址，可以将标记与超链接进

行关联，当播放到视频中的标记处时可以自动打开网页，提供更多有关视频的信息。

- Flash 提示点：这类标记点用于在 Adobe Animate 软件中识别。

扩展知识 SPECIAL

　　按住 Shift 键同时移动指针，指针会在标记点附近自动吸附到标记点上。

2. 删除标记

　　执行【窗口】-【标记】命令，打开【标记】面板可以看到序列上的标记，如图 A06-47 所示。

图 A06-47

　　单击标记，按 Delete 键即可删除标记；在时间标尺上右击选择【清除所选的标记】选项也可将标记清除，如图 A06-48 所示。

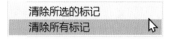

图 A06-48

　　如果要删除剪辑上的标记，则需要选中剪辑，在【标记】面板中删除。

A06.9　查找序列中的间隙

　　在做剪辑时不可避免地会在轨道留下间隙，有的间隙极小，不容易被发现，有一种方法可以方便快捷地找到这些间隙：执行【序列】-【转到间隔】-【序列中的下一段】命令，Premiere Pro 会自动查找下一个间隙，如图 A06-49 所示。

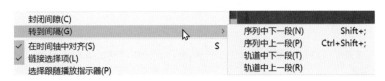

图 A06-49

当找到一个间隙后，单击间隙，然后右击选择【波纹删除】选项或者按 Delete 键，即可将间隙删除，如图 A06-50 所示。

图 A06-50

按 Ctrl+A 快捷键全选，执行【序列】-【封闭间隙】命令，可以删除多个间隙。

豆包："【序列中的下一段】和【轨道中的下一段】有什么区别呢？"

当多个轨道同时存在间隙时，使用【序列中的下一段】命令；当单独一个轨道存在间隙时，使用【轨道中的下一段】命令，前提是当前轨道处于激活状态下。

A06.10　剪辑的启用与关闭

在一段序列中，有时需要删除剪辑，但是又担心之后可能还需要编辑该剪辑，这时可以将剪辑关闭，使其暂时失去作用。

首先选中剪辑，依次选择【剪辑】-【启用】选项，如图 A06-51 所示。此时剪辑在序列中变为灰色，将指针移动到到剪辑处，剪辑并不在监视器中显示。如果想要再次使用剪辑，重复以上步骤即可，快捷键为 Shift+E。

图 A06-51

A06.11　视频与音频的分割与链接

在编辑视频时，把一个剪辑添加到序列之后，如果并不需要这个剪辑的音频或视频，或者需要各自独立使用音画，那么可以将音画断开链接状态。

选择剪辑，依次执行【剪辑】-【取消链接】命令；或者选中素材，右击在弹出菜单中选择【取消链接】选项，将视频与音频分开，如图 A06-52 所示。这样不管是删除还是移动，音画不再同步编辑处理。

取消链接后，还可以把剪辑的视频与音频再次链接起来。

同时选择视频与音频部分，右击选择【链接】选项。借助链接与取消链接操作，用户可以按照自己的想法灵活处理剪辑，如图 A06-53 所示。

图 A06-52

图 A06-53

扩展知识

按住Alt键同时选择音频或者视频可以单独选择，松开Alt键，此时移动所选音频或视频，可以将两者错位。再次正常选择后，两者仍然是链接状态。

A06.12 序列入点与出点

1. 添加序列的入点和出点

添加序列的入点与出点可以自定义序列导出的范围。

移动指针，在【节目监视器】中单击【标记入点】按钮，快捷键为 I 键。向右继续移动指针，然后单击【标记出点】按钮，快捷键为 O 键，直接拖动入点与出点可以修剪入点与出点的范围，如图 A06-54 所示。

图 A06-54

◆ 在序列中将指针移动到一段剪辑上，按 X 键可以快速定义当前指针所在项为入点和出点。

当指针所在位置只有"海岸"时按 X 键，入点与出点范围只包含"海岸"，如图 A06-55 所示。

图 A06-55

◆ 当指针所在位置有"海岸""海滩"时按 X 键，入点与出点范围会包含两个剪辑，如图 A06-56 所示。

图 A06-56

◆ 当指针所在位置有"海岸""海滩""高空"时按 X 键，

入点与出点范围会包含所有剪辑，如图 A06-57 所示。

图 A06-57

2. 清除入点和出点

◆ 在【标记】菜单中可以找到【清除入点】（Ctrl+Shift+I）、【清除出点】（Ctrl+Shift+O）、【清除入点和出点】（Ctrl+Shift+X）命令，如图 A06-58 所示。

清除入点(L)	Ctrl+Shift+I
清除出点(L)	Ctrl+Shift+O
清除入点和出点(N)	Ctrl+Shift+X

图 A06-58

◆ 或者在【节目监视器】的时间标尺上右击选择【清除入点】/【清除出点】/【清除入点与出点】选项，即可清除入点或出点。

3. 提升和提取

【提升】和【提取】命令可以将序列中的一段素材全部删除，区别在于使用【提升】命令，序列中的素材删除后会留下空白间隙；使用【提取】命令，序列中不会留下间隙。

◆ 在序列中添加入点与出点，执行【序列】-【提升】命令，快捷键为分号；或者执行【提取】命令，快捷键为引号。

◆ 也可以直接在【节目监视器】底部单击【提升】或【提取】按钮。

A06.13 综合案例——剪辑滑雪短视频

本综合案例完成效果如图 A06-59 所示。

图 A06-59

图 A06-59（续）

操作步骤

01 新建项目"滑雪短视频"，导入素材"滑雪1"～"滑雪5"，拖曳"滑雪1"至【时间轴】创建序列。

02 在【时间码】中输入200，按Enter键将指针移动到2秒处，使用【剃刀工具】在"滑雪1"2秒处切割，单击后半部分片段按Delete键删除，如图A06-60所示。

图 A06-60

03 将指针移动到"滑雪1"的出点处，在【项目】面板中选择"滑雪2"～"滑雪5"，执行【剪辑】-【插入】命令将视频添加到轨道上，如图A06-61所示。

图 A06-61

04 播放序列，会感觉"滑雪2"时间太长，选择"滑雪3"并向左拖曳，如图A06-62所示。

图 A06-62

05 在【项目】面板中双击"滑雪3"，在【源监视器】中将指针移动到10秒处，单击【添加标记】按钮，此时

在序列中可以看到标记点，如图A06-63所示。

图 A06-63

06 光标移动到"滑雪4"出点处，光标变为红色时单击并向左拖曳，修剪视频后半部分，如图A06-64所示。

图 A06-64

07 执行【序列】-【封闭间隙】命令，序列中的间隙全部消失，使用【向前选择工具】在"滑雪4"处单击并向左拖曳到标记点处，如图A06-65所示。

图 A06-65

08 选择"滑雪1"移动指针至35秒处按Ctrl+C复制视频，如图A06-66所示。导入音频素材"Family Tree"到A1轨道，移动指针到"滑雪1"末尾，按O键添加出点，这样一个简单的滑雪短视频就剪辑完成了。

图 A06-66

A06.14 作业练习——音乐节奏剪辑

本作业完成效果参考如图A06-67所示。

完成效果参考

素材作者：Ruben Velasco

图 A06-67

作业思路

新建项目，导入本课视频与音频素材，应用本课的知识根据音乐的节奏通过剪辑、复制、移动等操作得到一个完整的成片。

总结

编辑工作包括剪辑、剪接、音效、调色、添加过渡、添加配乐、特效等，后面的课程会深入对其进行讲解分析。

读书笔记

A07.1 调整视频运动效果
A07.2 调整视频不透明度
A07.3 时间重映射
A07.4 在监视器直接调整运动
属性
A07.5 实例练习——制作照片墙
A07.6 综合案例——电视墙
A07.7 作业练习——插入综艺特
效文字

总结

在 Premiere Pro 中，序列中的每个视频剪辑都有其素材的基本属性效果，这些效果被称为"固定效果"（也叫"内在效果"）。

A07.1　调整视频运动效果

调整一个剪辑的运动效果之前，需要先在序列中选中它，然后才能在【效果控件】面板中看到【运动】效果的各个参数。

通过调整【运动】效果的参数，可以调整剪辑的【位置】【缩放】【旋转】等属性，如图 A07-1 所示。

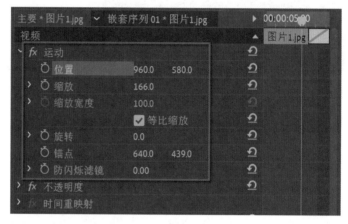

图 A07-1

1. 位置属性

【位置】坐标根据图像锚点的位置得到，由 x 轴、y 轴的参数控制图像位置。因此，对于一个尺寸为 1920×1080 的剪辑来说，其默认【位置】是 960,540，也就是图像的中心点；设置【位置】为 960,1000，也就是将图像移到了靠下的位置，如图 A07-2 所示。

图 A07-2

2. 缩放属性

在默认情况下，剪辑的【缩放】为 100%，输入小于 100% 的值，会缩小剪辑；输入大于 100% 的值，会放大剪辑。当取消选择【等比缩放】复选框时，显示的是【缩放高度】与【缩放宽度】，调整参数，画面比例就会改变。

3. 旋转属性

可以将素材绕 z 轴进行旋转，通过【旋转】控制角度。例如，450°和 1x90°（1 代表 1 圈，即 360°，90°表示再加上 90°）所表达的含义是一样的。正数表示沿顺时针方向旋转，负数表示沿逆时针方向旋转。

4. 锚点属性

图像的【旋转】和【位置】移动都是以锚点为中心移动的，默认情况下，【锚点】位于剪辑的中心位置。可以根据需要调整【锚点】的位置，【锚点】可以在素材内也可以在素材以外的任何位置，如图 A07-3 所示。

图 A07-3

5. 防闪烁滤镜

当导入的素材属于隔行扫描或者素材的线条比较精细时（如细线、锐利边缘、产生摩尔纹的平行线），这个功能就会发挥作用。

在编辑过程中，这些包含丰富细节的图像可能会发生闪烁，调整【防闪烁滤镜】的值可以减少闪烁。

A07.2　调整视频不透明度

选择素材后，打开【效果控件】面板找到【不透明度】属性。

◆ 将光标移动到【不透明度】属性的数值上，按住沿箭头方向左右两侧拖动可调整【不透明度】的值。

◆ 单击【不透明度】属性的数值，直接输入所需数值即可。

◆ 展开【不透明度】属性，在弹出的滑动条上，按住鼠标拖动滑块到所需的值即可，如图 A07-4 所示。

◆ 展开【混合模式】下拉菜单，可以看到图层与图层之间不同的混合模式，如图 A07-5 所示。

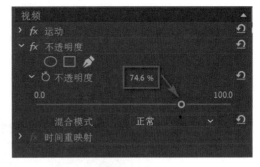

图 A07-4

图 A07-5

关于"混合模式"的详细使用方法，请参阅本系列丛书之《Photoshop 中文版从入门到精通》一书的 B05 课。

A07.3　时间重映射

【时间重映射】可以改变剪辑的播放速度，实现加速、减速、倒放、静止等效果。

展开【速度】下拉菜单可以看见一条横线，添加关键帧后上下移动横线可以改变速度，移动关键帧可以控制速度改变的过渡时间，将在 B02 课中详细讲解。

A07.4 在监视器直接调整运动属性

单击【效果控件】中的【运动】属性栏，【节目监视器】中会显示素材边框，将鼠标放在边框的不同位置，光标会变为不同的状态，如图 A07-6 所示。

图 A07-6

直接调整边框位置、大小、缩放、锚点等，可以直接改变素材的对应属性。

> **SPECIAL 扩展知识**
>
> 调整完运动属性后，如果想要多个剪辑使用同一种运动属性，可以选择剪辑复制，选择其他剪辑或多个剪辑，右击选择【粘贴属性】选项，快捷键为Ctrl+Alt+V，即可快速调整多个剪辑。

A07.5 实例练习——制作照片墙

本实例完成效果如图 A07-7 所示。

素材作者：Ruben Velasco

图 A07-7

操作步骤

01 新建项目"照片墙"，导入素材"背景"并拖曳至【时间轴】面板创建序列，将"背景"的持续时间拉长至 20 秒。

02 导入素材"照片框"和"圣诞节（1）～（6）"，选择视频"圣诞节（1）"拖曳至 V2 轨道，选择"照片框"拖曳至 V3 轨道，修剪"照片框"持续时间与"圣诞节（1）"持续时间对齐，如图 A07-8 所示。

图 A07-8

03 选择"圣诞节（1）"设置【位置】为 350,850，【缩放】为 30，【旋转】为 10°；设置完成后选择"圣诞节（1）"，按 Ctrl+C 快捷键复制，选择"照片框"右击选择【粘贴属性】选项，单击确定，效果如图 A07-9 所示。

图 A07-9

04 选择"圣诞节（2）"放至 V3 轨道上方，自动生成 V4 轨道，设置【位置】为 970,830，【缩放】为 35，【旋转】为 −12°。

05 选择"照片框"，按住 Alt 键的同时将其拖曳到 V4 轨道上方，自动生成 V5 轨道。然后选择"圣诞节（2）"，按 Ctrl+C 快捷键复制，选择 V5 轨道"照片框"，右击选择【粘贴属性】选项，单击【确定】按钮，效果如图 A07-10 所示。

图 A07-10

06 重复以上步骤，将其余 4 个视频放到序列上，随意摆放位置并匹配照片框，在【时间码】中输入 1000 按 Enter 键将指针移动到 10 秒处，按 O 键添加出点。这样照片墙就制作完成了，最终效果如图 A07-11 所示。

图 A07-11

A07.6 综合案例——电视墙

本综合案例完成效果如图 A07-12 所示。

素材作者：methodshop、Edgar Fernández

图 A07-12

01 新建项目"电视墙"，导入素材"电视墙""圣诞节""海边"和"嘻哈"并拖曳到【时间轴】面板创建序列，并将"电视墙"拖曳至 V4 轨道处，其余视频素材置于下方视频轨道处，如图 A07-13 所示。

图 A07-13

02 选择"嘻哈"素材，在【效果控件】面板中，设置【缩放】为33，【位置】为848,530，使"嘻哈"素材移动至画面中间电视机处，如图 A07-14 所示。

图 A07-14

03 选择"圣诞节"素材，在【效果控件】面板中，设置【缩放】为35，【位置】为316,225，使"圣诞节"素材移动至画面左上方处，如图 A07-15 所示。

图 A07-15

04 选择"海边"素材，在【效果控件】面板中，设置【缩放】为33，【位置】为1648,666，使"海边"素材移动至画面右下方处，如图 A07-16 所示。

图 A07-16

05 由于素材持续时间不同，为使画面统一，将指针移动至"圣诞节"素材结束处（10秒9帧），使用【剃刀工具】 切割素材的多余部分，如图 A07-17 所示。选择素材的多余部分按 Delete 键删除，这样电视墙就制作完成了。

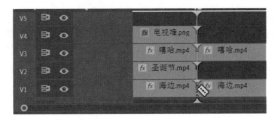

图 A07-17

A07.7　作业练习——插入综艺特效文字

本作业源素材及完成效果参考如图 A07-18 所示。

源素材

完成效果参考

素材作者：Aleksey

图 A07-18

作业思路

新建序列，导入素材，调整综艺特效文字的【运动】效果，完成效果的制作。

总结

本课介绍了剪辑的基本属性，调整【位置】【缩放】【不透明度】等属性是制作动画的基础，可以完成最简单的动画效果；绘制遮罩可以制作简单的过渡，增强剪辑的动态效果。

A08课

来点好声音

编辑音频基本属性

音频在剪辑中发挥着重要的作用，本课重点学习音频的基本属性，可以在【时间轴】面板中设置音频音量，也可以用关键帧对音频的音量、声道等参数进行调整。

A08.1 导入音频

执行【文件】-【导入】命令，选择提供的音频素材"经典电影音乐"，将其拖曳至【时间轴】面板创建序列。

选择"经典电影音乐"，在【效果控件】面板中可以看到音频的基本属性，如图A08-1所示。

图 A08-1

A08.2 音量的设置

打开项目"编辑音频基本属性"，选中音频素材，打开【效果控件】面板，可以看到【音量】属性效果，可以用来控制剪辑中所有声道的混合音量。

【音频仪表】在【时间轴】的后面，如果没有，执行【窗口】-【音频仪表】命令也可以将其调出，它的作用主要是显示混合音频的输出音量，在播放序列时，电平表会随着音量变化而改变。

1. 旁路

【旁路】复选框的作用是暂时消除调整效果的作用，用来与原声进行对比，以确认对音频的调整是否已经完成。

2. 级别

调整【级别】参数，单位为分贝（dB），默认原声音【级别】为0，正数为增加音量，负数为减小音量，可以添加【音量】关键帧，手动实现声音淡出效果，如图A08-2所示。

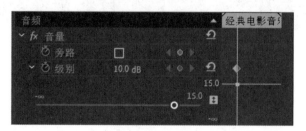

图 A08-2

SPECIAL 扩展知识

增加音量的另一种方法是直接在其他轨道复制一层音频，保证两个音频同步，音频级别会比原来增加一倍。

A08.1 导入音频
A08.2 音量的设置
A08.3 声道音量的使用
A08.4 声像器的使用
A08.5 综合案例——修改音频属性
A08.6 新建音频轨道
A08.7 音频波形图的作用
总结

A08.3　声道音量的使用

【声道音量】效果可以控制音频中各个声道的音量，如图 A08-3 所示。

◆ 【左声道】：模拟人的左耳听觉感受的声音通道。

◆ 【右声道】：模拟人的右耳听觉感受的声音通道。

如果是多声道音频，比如 5.1 声道的音频则会显示多个可以调节的声道，如图 A08-4 所示。

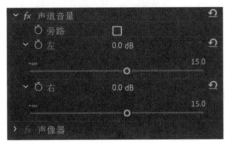

图 A08-3

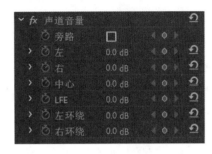

图 A08-4

A08.4　声像器的使用

【声像器】效果可以调节声像位置，使声音更偏向左声道或右声道。调整【平衡】参数可以改变左、右声道音频效果，正值为偏右，负值为偏左。

豆包："调节【声像器】效果与调节【声道音量】效果有什么不同呢？"

两个功能都是控制左、右声道的，但是【声像器】效果可以调节素材中音频的左、右声道不平衡的现象，更方便、直观。

A08.5　综合案例——修改音频属性

操作步骤

01 新建项目"修改音频属性"，导入音频素材"时尚之都巴黎"并拖曳至【时间轴】面板创建序列。

02 选中音频，打开【效果控件】面板，设置【级别】为 −5dB，如图 A08-5 所示，播放序列，可以听到音量降低了。

图 A08-6

04 展开【声像器】效果，设置【平衡】为 75，如图 A08-7 所示，将声音偏移调整回来，左、右声道的音量恢复平衡。

图 A08-5

03 展开【声道音量】效果，设置【左】为 10 dB，如图 A08-6 所示，这时音频的左声道音量明显升高。

图 A08-7

A08.6 新建音频轨道

音频轨道在轨道区域的下半部分。音频轨道分为多种类型：标准、5.1、自适应、单声道、立体声子混合、5.1 子混合、自适应子混合、单声道子混合。

在轨道区域右击选择【添加轨道】选项，设置好数量、位置、轨道类型后单击确定。

◆ 标准音轨替代了旧版本的立体声音轨类型，可以同时容纳单声道和立体声音频剪辑，如图 A08-8 所示。

图 A08-8

◆ 5.1 音轨包含了三条前置音频声道（左声道、中置声道、右声道）、两条后置或环绕音频声道（左声道和右声道）、一条重低音声道，由重低音喇叭放出。在 5.1 音轨中只能包含 5.1 音频素材，如图 A08-9 所示。

图 A08-9

◆ 自适应音轨只能包含单声道、立体声和自适应素材，如图 A08-10 所示。

图 A08-10

◆ 单声道音轨包含一条音频声道。如果将立体声音频素材添加到单声道轨道中，立体声音频通道将汇总为单声道，如图 A08-11 所示。

图 A08-11

◆ 主声道【立体声】：立体声就是指具有立体感的声音。在现实生活中，发出声音的声源是有确定的空间位置的，人们可以根据听觉感受辨别声源的方向，所以自然界所发出的一切声音都是立体声。

A08.7 音频波形图的作用

声音是物体振动产生的，可以通过介质以波的形式传播。麦克风可以感应这些振动，并将它们转换为电流。当声音转换为电流时，就可以用随时间振动的波形来表示。

序列上的每个音频都有对应的音频波形图，波形图反映了声音音调、音量的变化。剪辑中要经常观察波形的变化，根据音频的变化对画面进行编辑，如图 A08-12 所示。

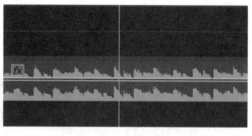

图 A08-12

总结

本课学习了音频音量、声道的调节，通过改变这些参数，可以让音乐发挥巨大的魅力。在一些短片或电影中，音乐和音效可以决定影片的风格和表达、节奏与气氛，因此声音的添加和编辑是视频剪辑工作中重要的一环。

设置关键帧可以使原本静止的影像动起来，本课介绍关键帧的使用方法。

A09.1　什么是关键帧

Premiere Pro 可以制作关键帧动画。可以这样理解：在不同的时间，关键帧的属性不同，软件自动计算出不同属性之间的属性变化而形成的动画就是关键帧动画。效果属性、蒙版等都可以创建关键帧动画。

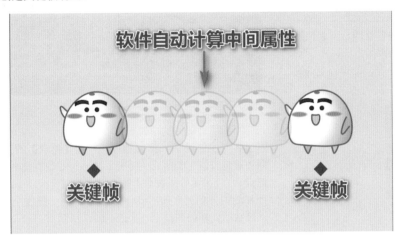

帧是最小单位的影像画面，相当于电影胶片的一个小格。关键帧类似于动画制作中的"原画"，是角色或者物体运动中比较关键的那一帧。在 Premiere Pro 中，关键帧表现为【效果控件】面板中的时间轴上的一个菱形标记◇。

A09.2　编辑关键帧

打开本课提供的项目文件"关键帧的使用方法"。

1. 关键帧的添加

选择【时间轴】面板中的"豆包表情"，打开【效果控件】面板，在每个属性左侧都有一个【切换动画】◎按钮，本书简称为"秒表"。

单击【位置】秒表，Premiere Pro 会在指针当前所在位置添加关键帧，同时秒表外观会改变，右侧出现【添加/移除关键帧】◆按钮，如图 A09-1 所示。

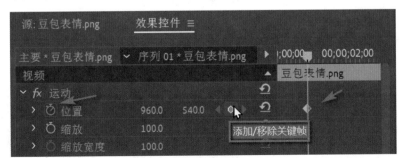

图 A09-1

向右移动指针，单击【添加/移除关键帧】按钮，时间轴上会出现第二个关键帧；也可以直接修改【位置】参数，软件会自动记录参数并生成关键帧，如图 A09-2 所示。

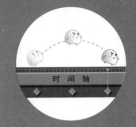
A09.1　什么是关键帧

A09.2　编辑关键帧

A09.3　实例练习——足球射门动画

A09.4　实例练习——制作音乐MV

A09.5　关键帧插值

A09.6　综合案例——制作豆包小表情

A09.7　综合案例——希区柯克变焦效果

A09.8　作业练习——快闪视频

A09.9　作业练习——制作综艺特效字

总结

图 A09-2

2. 关键帧的选择

在制作过程中，需要对关键帧进行各种修改，首先就要选择关键帧，下面介绍几种选择关键帧的常用方法。

◆ 在【效果控件】面板右侧时间轴中单击，选择一个关键帧，如图 A09-3 所示。

图 A09-3

◆ 同一个属性下的关键帧，单击属性名称即可同时选择属性下的所有关键帧，如图 A09-4 所示。

图 A09-4

◆ 直接框选可以选择框中的所有关键帧，如图 A09-5 所示。

图 A09-5

◆ 按住 Shift 键的同时单击多个关键帧，即可同时选择多个关键帧；对于已经选择上的关键帧，按住 Shift 键的同时单击可以取消选择。

3. 关键帧的移动

选中关键帧，直接左右拖曳即可将关键帧移动到任意位置，关键帧的移动只能在当前属性的时间轴上移动。

4. 关键帧的复制

在嵌套序列时，常常需要重复设置很多参数，这就需要对关键帧进行复制和粘贴，关键帧可以在同一层中进行复

制，也可以在不同层间进行复制，还可以在不同序列间进行复制。

◆ 同一层中的关键帧复制

单击【位置】属性选中关键帧，执行【编辑】-【复制】命令（Ctrl+C），然后移动指针位置（如 3 秒处），执行【编辑】-【粘贴】命令（Ctrl+V），完成关键帧的复制。不管同时复制几个关键帧，第一个关键帧的位置为指针位置，关键帧之间的间隔不变，如图 A09-6 所示。

图 A09-6

◆ 不同层之间关键帧的复制

将"豆包说话"添加到序列，将【缩放】改为 50，选择"豆包表情"的所有关键帧，按 Ctrl+C 快捷键，选择"豆包说话"，在【效果控件】面板中展开【运动】属性，将指针移动到开始处，按 Ctrl+V 快捷键，同一属性上的关键帧就被粘贴到新的图层上，如图 A09-7 所示。

播放序列，可以看到"豆包表情""豆包说话"的运动轨迹完全相同。

图 A09-7

◆ 不同序列之间关键帧的复制

与不同层之间关键帧的复制相同。选择要复制的关键帧，按 Ctrl+C 快捷键，选择要粘贴到的序列中的图层单击【运动】属性，将指针移动到目标点，按 Ctrl+V 快捷键，同一属性上的关键帧就被粘贴到新的序列上。

5. 关键帧的删除

选择关键帧后，按 Delete 键即可删除关键帧，或者直接单击秒表，会弹出警告提示，单击【确定】按钮，即可删除所有关键帧，如图 A09-8 所示。

图 A09-8

A09.3 实例练习——足球射门动画

本实例完成效果如图 A09-9 所示。

图 A09-9

操作步骤

01 新建项目文件，命名为"足球射门动画"，新建序列 01，选择预设【AVCHD 1080p30】。导入图片素材"足球场"和"足球"，并拖曳到【时间轴】面板的相应视频轨道中，如图 A09-10 所示。

图 A09-10

02 选中"足球"素材，在【效果控件】面板中展开【运动】效果，设置【位置】为 732,899.4，如图 A09-11 所示。

图 A09-11

03 移动当前指针到序列的起点，单击【位置】和【缩放】秒表🔘设置关键帧，如图 A09-12 所示。

图 A09-12

04 在【时间轴】面板中设置【时间码】，输入 9，按 Enter 键，指针移动到 9 帧处，如图 A09-13 所示。

图 A09-13

05 在当前指针处设置【位置】为 950,180，自动添加第二个位置关键帧；设置【缩放】为 77，自动添加第二个缩放关键帧，如图 A09-14 所示。

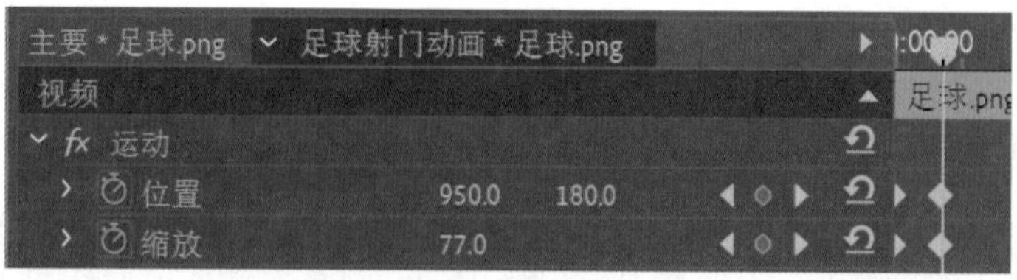

图 A09-14

06 播放序列，查看第一片段的动画效果，如图 A09-15 所示。

图 A09-15

07 在【时间轴】面板中设置【时间码】，输入 100，按 Enter 键，指针移动到 1 秒处，在当前指针调整【位置】参数为 950,760，自动添加第三个【位置】关键帧；调整【缩放】参数为 7，自动添加第三个【缩放】关键帧（见图 A09-16），查看节目预览效果，如图 A09-17 所示。

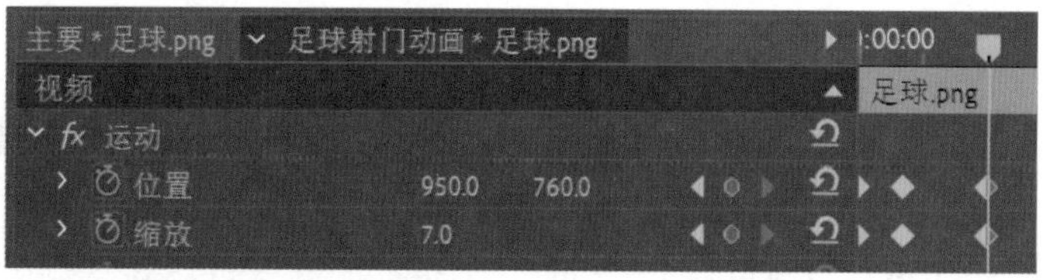

图 A09-16

图 A09-17

08 为使足球运动更加真实，将指针移动到序列的起点，在【效果控件】面板中单击【旋转】秒表 设置关键帧。

09 点击两次【位置】或【缩放】后的【转到下一关键帧】 按钮（见图 A09-18），跳转到最后一个关键帧，在当前指针调整【旋转】参数为 1x270°，自动添加第二个【旋转】关键帧，如图 A09-19 所示，这样足球射门动画就制作完成了。

图 A09-18

图 A09-19

A09.4　实例练习——制作音乐 MV

选择一段自己喜欢的背景音乐并搭配图片或视频，控制整个 MV 时长为 30 秒，利用前面所学的知识，制作音乐 MV。

操作步骤

01 新建项目文件，命名为"音乐 MV"，新建序列，选择预设【AVCHD 1080p30】。导入图片和音频素材，分别拖曳到视频轨道和音频轨道中，如图 A09-20 所示。

素材作者：Tama66、Nature_Brothers、TRINHDACTRUONG、riddick_soad

图 A09-20

02 观察波形图发现"钢琴曲"的 0～1 秒音乐激昂，在这里做一个淡入效果，如图 A09-21 所示。

图 A09-21

03 设置【时间码】，输入 100，按 Enter 键，指针移动到 1 秒处。选中"钢琴曲"，在【效果控件】面板中单击【级别】秒表○创建关键帧，如图 A09-22 所示。

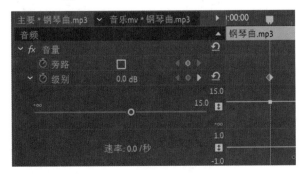

图 A09-22

04 移动指针至起始处，调整【级别】参数，将滑块向左移动至顶端，淡入效果就制作完成了，如图 A09-23 所示。

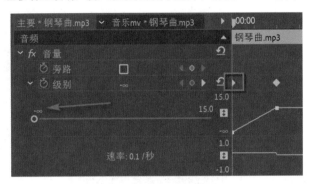

图 A09-23

05 根据"钢琴曲"的节奏，适当调整图片素材的持续时间和画面比例，如图 A09-24 所示。

图 A09-24

06 在结尾处做一个淡出效果，设置【时间码】，输入 2900，按 Enter 键指针移动至 29 秒处。选中"钢琴曲"，在【效果控件】面板中添加第三个【级别】关键帧，作为淡出效果预备帧，如图 A09-25 所示。

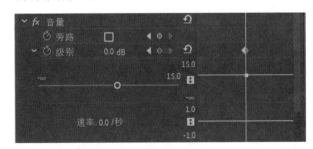

图 A09-25

07 移动指针至结尾处，在当前指针添加第四个【级别】关键帧，调整【级别】参数，将滑块向左移动至顶端，如图 A09-26 所示。

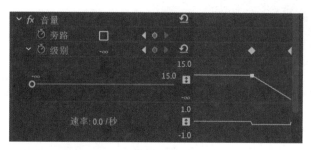

图 A09-26

08 为使音乐 MV 更加完善，可以调整图片素材的【不透明度】属性，配合"钢琴曲"效果给"山庄"制作淡入效果，给"雪山"制作淡出效果。这样音乐 MV 就制作完成了，播放序列查看效果，如图 A09-27 所示。

图 A09-27

A09.5　关键帧插值

1. 临时插值和空间插值

普通的关键帧运动都是匀速的，不太符合自然的运动规律，关键帧插值可以通过不同形式的数学计算，灵活调整运动速度和运动过渡。

在关键帧上右击，在弹出菜单中可以看到两种插值，如图 A09-28 所示。

图 A09-28

- 【临时插值】：即时间插值，指的是时间值的插值，一些属性只有时间组件，如【不透明度】属性。
- 【空间插值】：为空间值的插值，一些属性除了具有时间组件，还具有空间组件，如【位置】属性。

2.插值类型

两种插值进一步分成了多种类型，对应关键帧不同的运动速度，如图 A09-29 所示。

图 A09-29

- 【线性】：这种运动方式是匀速的，但效果比较机械，关键帧图标为菱形◆。
- 【贝塞尔曲线】：可以更精确地调整运动路径，关键帧两个方向的手柄可以独立调整运动路径，关键帧图标为漏斗形▨。
- 【自动贝塞尔曲线】：可以自动创建平滑的运动效果，手动调节关键帧两侧手柄时会变成贝塞尔曲线类型，关键帧图标为圆形◖▶。
- 【连续贝塞尔曲线】：使用这种方式也可以创建平滑的运动效果，关键帧两侧的手柄不可以独立调整，只能同时改变，关键帧图标为漏斗形▨。
- 【定格】：只能作为时间插值，这种方式可以改变运动属性随时间变换的值，但没有了中间过渡，关键帧图标为五边形⬟。
- 【缓入】：减缓关键帧之前的数值变化速度。
- 【缓出】：减缓关键帧之后的数值变化速度。

> **SPECIAL 扩展知识**
>
> 修改关键帧的【临时插值】和【空间插值】后，新添加的关键帧会根据前后关键帧的插值类型自动改变。例如，在两个贝塞尔曲线关键帧之间创建新的关键帧，新的关键帧就是贝塞尔曲线类型。

A09.6　综合案例——制作豆包小表情

本综合案例完成效果如图 A09-30 所示。

图 A09-30

操作步骤

01 新建项目"豆包小表情"，导入提供的素材"豆包小表情"，导入方式选择【序列】，如图 A09-31 所示。

图 A09-31

02 打开素材箱，双击打开序列，在【时间轴】面板中选择图层"舌头"，在【效果控件】面板中将【锚点】移动到嘴巴上，如图 A09-32 所示。

图 A09-32

03 为"舌头"制作缩放动画，在 0 秒处单击【缩放】秒表 ⏱ 创建关键帧，移动指针到 12 帧处设置【缩放】为 60；选择 0 秒处的关键帧，按 Ctrl+C 快捷键复制，将指针移动到 1 秒处，按 Ctrl+V 快捷键粘贴，如图 A09-33 所示。

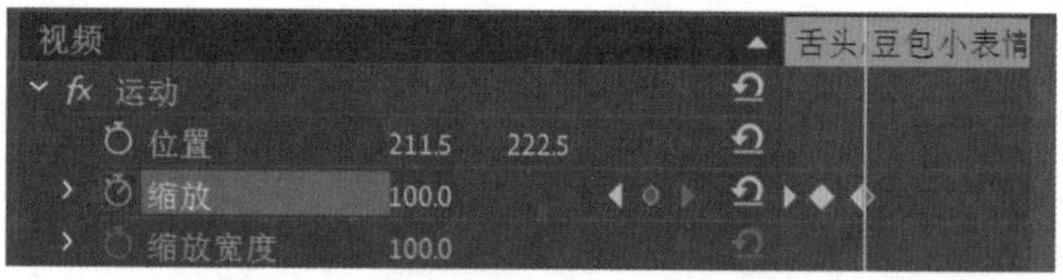

图 A09-33

04 选中全部关键帧，复制两次，快速完成 3 秒的重复动画，如图 A09-34 所示。

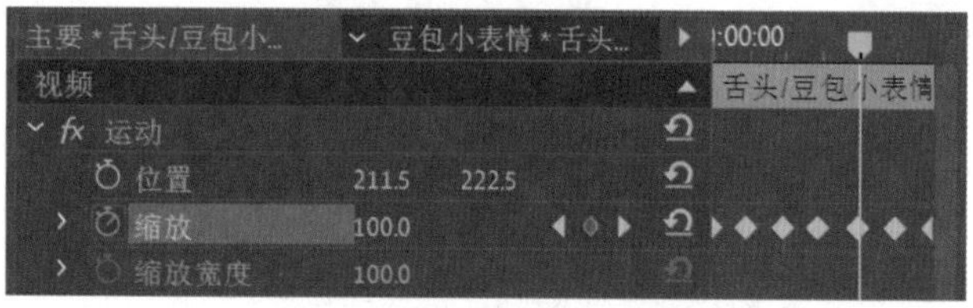

图 A09-34

05 选择图层"汗 1"，将指针移动到入点，添加【位置】关键帧，移动指针到出点，修改【位置】参数，向下移动图层"汗 1"，制作汗滴落下的效果，如图 A09-35 所示。

图 A09-35

06 选择图层"汗 1"右击选择【复制】选项，选择"汗 2"右击选择【粘贴属性】选项，在弹出的对话框中选中【运动】复选框，如图 A09-36 所示。对图层"汗 3"执行相同的操作。

图 A09-36

07 选择图层"手"，移动【锚点】位置，如图 A09-37 所示。

图 A09-37

08 在 0 秒处添加【旋转】关键帧，移动指针到 1 秒处设置【旋转】为 -35，移动指针到 2 秒处设置【旋转】为 0，继续移动指针到 3 秒处，设置【旋转】为 -35，制作挥动扇子的效果，如图 A09-38 所示。

图 A09-38

09 导入素材"背景"，在轨道区域右击选择【添加单个轨道】选项，将"背景"放到最底层，设置【缩放】为 62，【位置】为 267,194，如图 A09-39 所示。

图 A09-39

⑩ 这样豆包小表情就制作完成了，播放序列查看效果，如图 A09-40 所示。

图 A09-40

A09.7 综合案例——希区柯克变焦效果

本综合案例完成效果如图 A09-41 所示。

素材作者：Marco López

图 A09-41

操作步骤

① 新建项目"希区柯克变焦效果"，导入素材"城市航拍"并拖曳至【时间轴】创建序列。

② 选中"城市航拍"，移动指针至最后一帧，如图 A09-42 所示。

图 A09-42

③ 希区柯克变焦利用透视，制作主体位置基本不变、周围物体移动的视觉效果。为了方便观察主体位置，在【节目监视器】的【按钮编辑器】中，开启【显示标尺】和【显示参考线】，并将参考线拖曳至右侧大楼周围，如图 A09-43 所示。

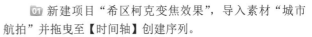

图 A09-43

④ 在【效果控件】面板中，单击【位置】和【缩放】秒表创建关键帧，作为变焦效果的起始帧，如图 A09-44 所示。

69

图 A09-44

05 移动当前指针到序列的起始点，设置【缩放】为170.0，将画面放大，并设置【位置】为915.0,920.0，使右侧大楼尽量处于参考线位置，如图 A09-45 所示。这样希区柯克变焦效果就制作完成了。

图 A09-45

A09.8　作业练习——快闪视频

本作业源素材和完成效果参考如图 A09-46 所示。

图 A09-46

源素材

完成效果参考

素材作者：S Migaj、Fabian Wiktor、Skitterphoto、Todd Trapani、Lukáš Sitta、SplitShire、Life Of Pix、Krivec Ales

图 A09-46（续）

作业思路

新建序列，创建黑场视频，导入素材，根据背景音乐的节奏剪辑素材，并调整其运动属性创建关键帧动画。

本作业源素材和完成效果参考如图 A09-47 所示。

背景　　　　　　　　　　　　　感叹号

高能　　　　　　　　　　　　　前方

紫闪电　　　紫星星　　　绿闪电

源素材

图 A09-47

完成效果参考

图 A09-47 (续)

作业思路

新建序列,导入素材。对"前方""紫闪电"和"绿闪电"创建位置来回移动的关键帧动画,并复制关键帧得到循环动画;对"背景"和"感叹号"则制作缩放效果的关键帧动画。

总结

可以看出关键帧最重要的作用是记录参数设置,当两个关键帧的参数不一样时,Premiere Pro 会自动根据参数的变化补齐中间的数值,生成完整的关键帧动画。

读书笔记

Premiere Pro 中的图形工具和基本图形面板功能非常强大，用于创建图形剪辑，与文字一起排列分布，可以完成很复杂的图形设计、字幕设计。

其主要功能包括以下几方面。

01 配合创建字幕或标题。

02 制作图形转场过渡。

03 编辑图层中图形的层次关系及动画。

04 绘制矢量图形及蒙版、矢量运动控件。

05 绘制动态图形及模板，与 After Effects 联动。

A10.1　钢笔工具

在【工具】面板中选择【钢笔工具】 ，在【节目监视器】中绘制一个三角形，如图 A10-1 所示，序列会自动生成一个形状图层。

图 A10-1

执行【窗口】-【基本图形】命令，在界面右侧可以看到【基本图形】面板，切换到【编辑】选项卡，单击"形状 01"，就可以编辑图形的各种参数，如图 A10-2 所示。

图 A10-2

A10.1　钢笔工具

A10.2　矩形工具

A10.3　椭圆工具

A10.4　矢量运动效果

A10.5　形状属性

A10.6　基本图形面板

A10.7　实例练习——绘制图标

A10.8　综合案例——万花筒图形动画

A10.9　综合案例——设计创意海报

A10.10　综合案例——图形转场动画

A10.11　作业练习——制作简单标题框

A10.12　作业练习——使用图形元素装饰视频

总结

A10.2　矩形工具

在【工具】面板长按【钢笔工具】 ✐，在弹出菜单中选择【矩形工具】 ▣，可以绘制任意四边形。绘制的同时按住 Shift 键可以绘制出正方形，如图 A10-3 所示。

图 A10-3

A10.3　椭圆工具

在【工具】面板中长按【钢笔工具】 ✐，在弹出菜单中选择【椭圆工具】 ◉，按住 Shift 键可以绘制出正圆，如图 A10-4 所示。

图 A10-4

SPECIAL　扩展知识

绘制完成的矩形、椭圆都可以使用【钢笔工具】再次添加控制点修改路径，并完成添加路径动画等操作。

A10.4　矢量运动效果

创建形状图形后，在【效果控件】面板中可以看到【矢量运动】效果如图 A10-5 所示。图形、线条在制作缩放或者旋转动画时，有时会出现锯齿，这时就要使用【矢量运动】效果，无需将矢量图形栅格化即可对其进行编辑和变换。

图 A10-5

A10.5 形状属性

创建形状图形后,还可以在【效果控件】面板中看到【形状】属性,不同图形的【形状】属性是有区别的,要分别进行设置。

1. 外观

编辑【外观】属性可以改变形状的外观,默认情况下只选中【填充】复选框,如图 A10-6 所示。

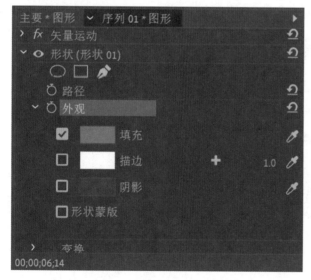

图 A10-6

◆ 【路径】:可以添加关键帧,制作关键帧动画。
◆ 【填充】:调整形状的填充颜色,右侧的【吸管】可以用来吸取图像的颜色。
◆ 【描边】:为形状添加描边,编辑右侧的数值可以调整描边宽度,右侧的 + 号可以为形状添加 2 个描边效果,最多可以在形状上添加 10 个描边。
◆ 【阴影】:可以为图形添加阴影,可以调节阴影的不透明度、角度、距离、大小、模糊度,可以通过滑块进行控制,如图 A10-7 所示。

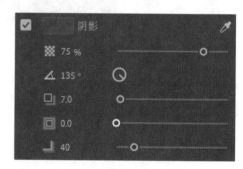

图 A10-7

◆ 【形状蒙版】:将形状作为蒙版使用,可以遮住图形中的其他形状。

2. 变换

【变换】属性是所有剪辑都有的基本效果,它以单个选定的形状为目标来进行调整。当一个图形内有多个形状时,每个形状都有单独的【变换】属性,如图 A10-8 所示。

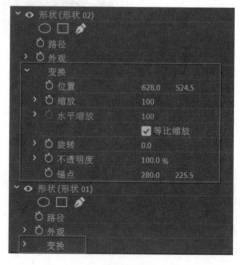

图 A10-8

A10.6　基本图形面板

在【节目监视器】中依次绘制三个图形，在【效果控件】面板中重命名图形，如图 A10-9 所示。

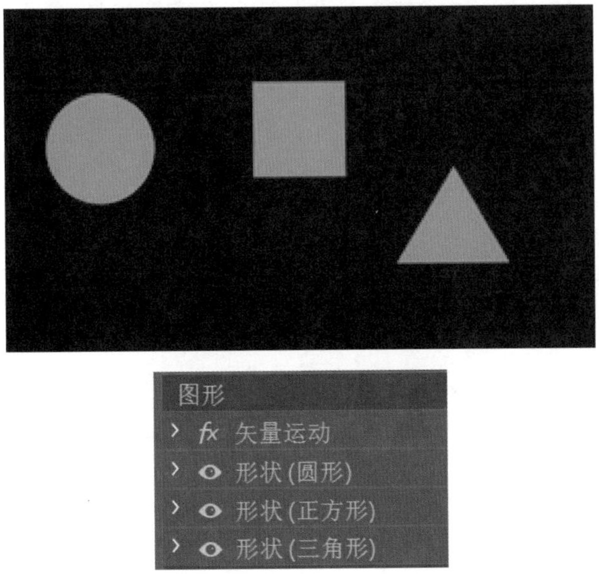

图 A10-9

执行【窗口】-【基本图形】命令，切换到【基本图形】面板的【编辑】选项卡，如图 A10-10 所示。

图 A10-10

◆ 【响应式设计 - 位置】：可以为形状设置父级关系，在选项栏中选择形状，如图 A10-11 所示。将形状作为父级，单击后面的四条边可以设置固定的位置，单击中间的圆角矩形可以选中全部四条边，如图 A10-12 所示。

图 A10-11

图 A10-12

◆ 【对齐并变换】：调整形状的对齐和变换属性，对齐方式包括【水平居中对齐】【垂直居中对齐】【顶对齐】等。
◆ 【外观】：与【效果控件】面板中的【外观】属性一样，但是多了一个功能，单击右侧【图形属性】⬚按钮，可以在弹出对话框中控制描边的样式，如图 A10-13 所示。

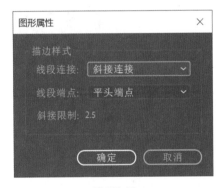

图 A10-13

在【外观】中选择"三角形"，选中【描边】复选框并设置【描边宽度】为100，三种【线段连接】的效果如图 A10-14所示。

图 A10-14

绘制 S 形曲线并设置【描边宽度】为 100，三种【线段端点】的效果如图 A10-15 所示。

SPECIAL 扩展知识

　　创建形状图形后，可以将图形剪辑（包括所有图层和动画）导出为动态图形模板，以供再次使用或共享。

图 A10-15

A10.7　实例练习——绘制图标

操作步骤

01 新建项目"绘制图标"，新建序列，选择预设【AVCHD 1080p30】，使用【矩形工具】■在【节目监视器】中按住 Shift 键的同时绘制正方形，在【效果控件】面板中的【图形】-【形状】-【外观】下设置矩形【填充】颜色为白色，如图 A10-16 所示。

图 A10-16

02 选中【描边】复选框并设置【描边宽度】为 100；打开【基本图形】面板中的【编辑】选项卡，在【外观】下单击【图形属性】按钮，在弹出对话框中设置【线段连接】为【圆角连接】，矩形变为圆角矩形，如图 A10-17 所示。

图 A10-17

03 使用【椭圆工具】■，设置【填充】颜色为蓝色，在矩形内绘制三个正圆，如图 A10-18 所示。

图 A10-18

图 A10-19

[04] 使用【矩形工具】█在三个圆形底部绘制矩形，将云朵底部填实，如图 A10-19 所示。

[05] 下面绘制箭头，使用【矩形工具】█，设置【填充】颜色为黄色，绘制矩形；并使用【钢笔工具】✎绘制三角形，同样填充为黄色，这样一个简单的图标就绘制完成了，效果如图 A10-20 所示。

图 A10-20

A10.8 综合案例——万花筒图形动画

本综合案例完成效果如图 A10-21 所示。

图 A10-21

操作步骤

01 新建项目"万花筒图形动画"，新建序列，选择预设【AVCHD 1080p30】。

02 在【项目】面板中导入素材"地面"并拖曳至【时间轴】面板的视频轨道中，将图片素材比例调整至合适大小。

03 在【工具】面板中长按【钢笔工具】，在弹出菜单中选择【椭圆工具】，按住 Shift 键，在【节目监视器】中绘制一个正圆，将其重命名为"外圆"，如图 A10-22 所示。

图 A10-22

04 选择"外圆"，在【效果控件】面板中的【图形】-【形状】-【外观】下只选中【描边】复选框，设置【描边厚度】为51；在【变换】属性下设置【位置】为387,77（使"外圆"居中即可），如图 A10-23 所示。

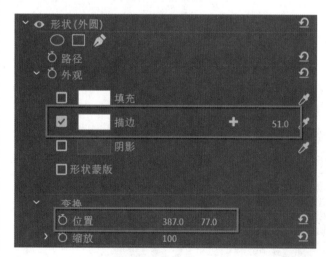

图 A10-23

05 使用【椭圆工具】，按住 Shift 键在【节目监视器】中绘制一个正圆，将其重命名为"内圆"（内圆要小于外圆），如图 A10-24 所示。

图 A10-24

06 选择"内圆"，在【效果控件】面板中的【图形】-【形状】-【变化】中适当调整【位置】和【缩放】参数，使"内圆"居中，如图 A10-25 所示。

图 A10-25

07 使用【钢笔工具】，在"内圆"中绘制一个三角形，将其重命名为"三角形"，如图 A10-26 所示。

图 A10-26

08 在序列中选择"三角形"，在【形状】-【外观】中选中【填充】属性，取消选中【描边】属性，按住 Alt 键向上拖曳至 V5 轨道，复制一层，重命名为"三角形 2"，如图 A10-27 所示。

图 A10-27

09 选择"三角形 2"，在【效果控件】面板中的【视频】-【运动】效果中设置【锚点】为 724,549，【旋转】为 180°，如图 A10-28 所示。

图 A10-28

10 在序列中选中"三角形"和"三角形 2"，右击选择【嵌套】选项，将嵌套序列重命名为"多边形"，如图 A10-29 所示。

11 至此，万花筒图形就制作完成了，下面为图形制作动画效果。在 0 秒处选中"多边形"嵌套序列，在【效果控件】面板【运动】效果中单击【缩放】【不透明度】秒表

创建关键帧，如图 A10-30 所示。

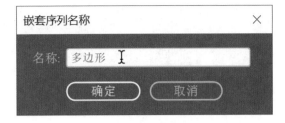

图 A10-29

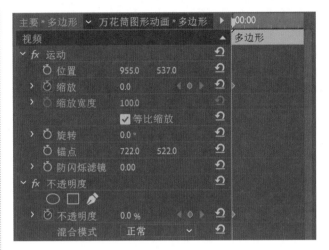

图 A10-30

12 在第 9 帧处，添加第二个【不透明度】关键帧，设置参数为 90%。

13 在第 15 帧处，添加第二个【缩放】关键帧，设置参数为 100，如图 A10-31 所示。

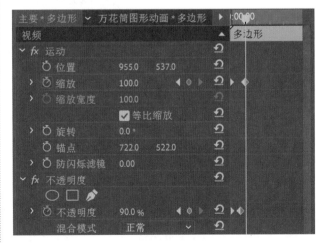

图 A10-31

14 调整"多边形""外圆""内圆"轨道顺序，如图 A10-32 所示。

15 将指针拖曳至第 5 帧，拖曳"外圆"和"内圆"吸附到当前指针处，如图 A10-33 所示。

图 A10-32

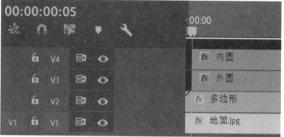
图 A10-33

16 分别选择"外圆"和"内圆",在【效果控件】面板【运动】效果中单击【缩放】秒表⚪创建关键帧,并设置参数为 0。

17 选择"外圆",在第 22 帧处,添加第二个【缩放】关键帧,设置参数为 100;选择"内圆",在第 1 秒处,添加第二个【缩放】关键帧,设置参数为 100,如图 A10-34 所示。

图 A10-34

18 移动指针,查看预览效果,如图 A10-35 所示。

图 A10-35

19 为使动画更加丰富,可以选择"多边形"嵌套序列,移动指针至第 12 帧,在【效果控件】面板的【运动】效果中单击【旋转】秒表⚪创建关键帧,如图 A10-36 所示。

20 在第 3 秒处,添加第二个【旋转】关键帧,设置参数为 1x180°,如图 A10-37 所示。这样万花筒图形动画就制作完成了。

图 A10-36

图 A10-37

A10.9　综合案例——设计创意海报

本综合案例完成效果如图 A10-38 所示。

图 A10-38

操作步骤

01 新建项目"设计创意海报",单击【项目】面板中的【新建项】按钮,新建【颜色遮罩】,在【拾色器】中选择浅蓝色,名称使用默认的"颜色遮罩",单击【确定】按钮。拖曳"颜色遮罩"至【时间轴】面板创建序列,如图 A10-39 所示。

图 A10-39

02 使用【钢笔工具】 ✐ 在【节目监视器】中绘制图形,并将其重命名为"背景"。在【效果控件】面板中,设置【填充】颜色为#86CCCD,【位置】为 0,600,【不透明度】为 20%,如图 A10-40 所示。

图 A10-40

03 继续用【钢笔工具】在"背景"上绘制图形，效果如图 A10-41 所示。

04 单击序列空白处，在没有选中任何图层的情况下，使用【椭圆工具】按住 Shift 键在【节目监视器】中绘制正圆，此时在 V3 轨道生成新的图形，将其重命名为"圆形"，如图 A10-42 所示。

图 A10-41

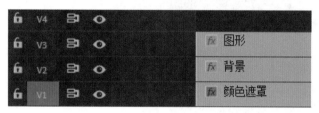

图 A10-42

05 选择"图形"，在【效果控件】面板中取消选中【填充】复选框，选中【描边】复选框，设置【描边颜色】为蓝色，【描边宽度】为 30，如图 A10-43 示。

图 A10-43

06 使用【钢笔工具】在【节目监视器】中绘制曲线，

并将其重命名为"曲线"，使用【吸管工具】吸取"颜色遮罩"的颜色作为第一条描边的颜色；然后单击【描边】右侧的按钮添加描边，设置新生成描边的【描边颜色】为 #E77066，【描边宽度】为 30，如图 A10-44 所示。

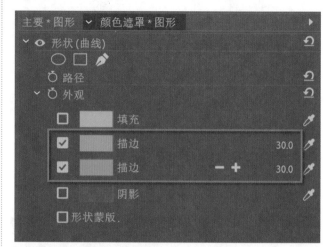

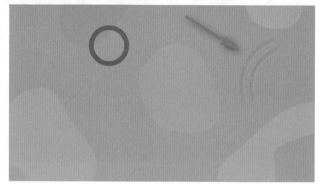

图 A10-44

07 执行【窗口】-【基本图形】命令，打开【基本图形】面板，切换到【编辑】选项卡，选中"曲线"，在【外观】下单击【图形属性】按钮，设置【线段端点】为【方头端点】，单击【确定】按钮，此时曲线两端被连接，如图 A10-45 所示。

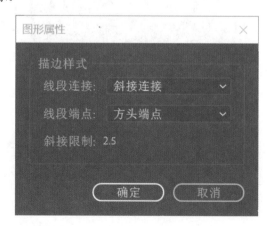

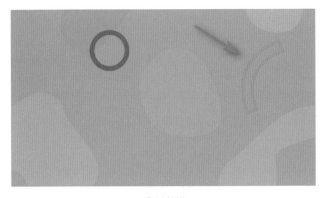

图 A10-45

08 继续在图像中任意绘制图形，并调整图形的【外观】【位置】等参数，效果如图 A10-46 所示。

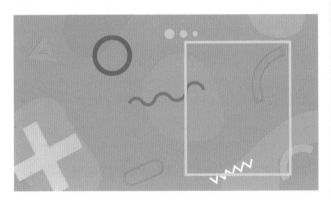

图 A10-46

09 导入素材"照片"并拖曳至 V4 轨道，调整【位置】参数使照片显示在矩形处，如图 A10-47 所示。

图 A10-47

10 按住 Alt 键的同时拖曳"照片"到 V5 轨道，复制一层，调整 V4 轨道"照片"的【位置】和【不透明度】参数，效果如图 A10-48 所示。

11 继续使用【钢笔工具】在"照片"上添加形状，如图 A10-49 所示。

图 A10-48

图 A10-49

12 导入素材"文字"并拖曳至 V7 轨道，调整"文字"的【位置】参数，这样一个创意海报就制作完成了，最终效果如图 A10-50 所示。

图 A10-50

A10.10　综合案例——图形转场动画

本综合案例完成效果如图 A10-51 所示。

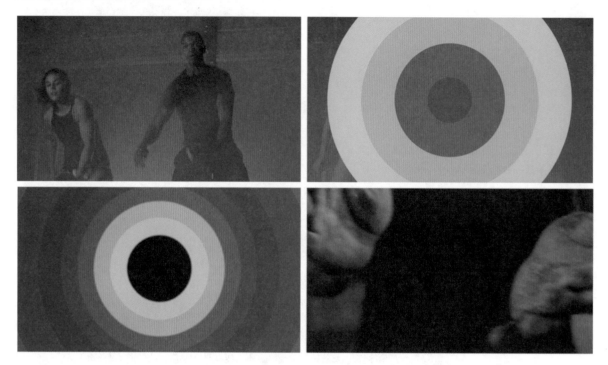

素材作者：Ruben Velasco

图 A10-51

操作步骤

01 新建项目"图形转场"，导入素材"健身1""健身2"并拖曳至【时间轴】面板创建序列。使用【椭圆工具】 ◉，按住 Shift 键在【节目监视器】中绘制正圆，如图 A10-52 所示。

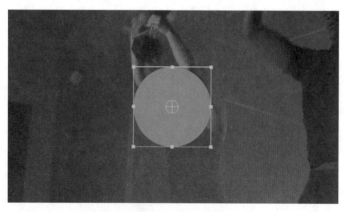

图 A10-52

02 执行【窗口】-【基本图形】命令，打开【基本图形】面板，切换到【编辑】选项卡，单击【水平居中对齐】和【垂直居中对齐】，并调整【填充】颜色为#0FD2FE（浅蓝色）。

03 为图形制作缩放动画，在0秒处添加【缩放】关键帧，并调整参数为0；在20帧处调整【缩放】为500，将图形填满整个屏幕。

04 在【效果控件】面板中选择"形状 01"，复制（Ctrl+C）然后粘贴（Ctrl+V）出一层，将其重命名为"形状 02"，如图 A10-53 所示。

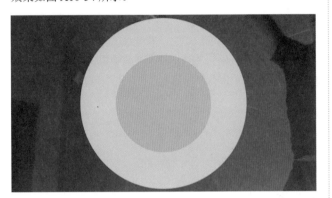

图 A10-53

05 展开"形状 02"，设置【填充】颜色为#62B3FF（深蓝色），打开【缩放】属性，全选关键帧并向右移动 3 帧，效果如图 A10-54 所示。

图 A10-54

06 复制一层"形状 02"并将其重命名为"形状 03"，如图 A10-55 所示。

图 A10-55

07 展开"形状 03"，设置【填充】颜色为#1C40A7（蓝色），打开【缩放】属性，选中全部关键帧并向右移动 3 帧，效果如图 A10-56 所示。

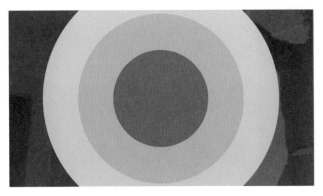

图 A10-56

08 重复以上步骤，复制出"形状 04""形状 05"，调整【填充】颜色并移动【缩放】关键帧，最后效果如图 A10-57 所示。

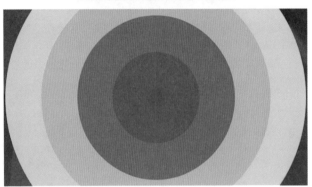

图 A10-57

09 现在转场的前半部分已经制作完成，下面开始制作转场的后半部分。移动指针至第 17 帧处，选择"形状 05"，单击【创建椭圆形蒙版】 按钮，绘制蒙版并调整蒙版接近正圆，设置【蒙版扩展】为-240 并创建关键帧，选中【已反转】复选框，如图 A10-58 所示。

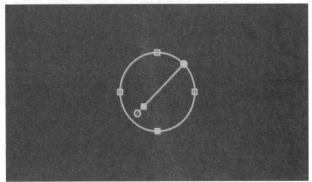

图 A10-58

⑩ 将指针向右移动 10 帧，调整【蒙版扩展】为 870，此时监视器中的"形状 05"完全消失，显示的是"形状 04"的颜色。

⑪ 复制"形状 05"的蒙版，粘贴到"形状 04"上，全选关键帧向右移动 1 帧，如图 A10-59 所示。

图 A10-59

⑫ 重复以上步骤，依次将蒙版复制到"形状 03""形状 02""形状 01"上，每次复制都将关键帧向右移动 1 帧，最后效果如图 A10-60 所示。

⑬ 做完转场后移动到两段视频之间，保证转场完成之前不会穿帮，如图 A10-61 所示。这样图形转场动画就制作完成了。

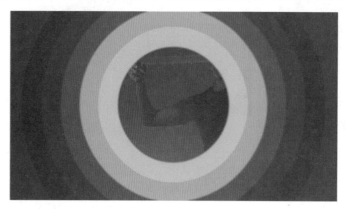

图 A10-60

图 A10-61

A10.11　作业练习——制作简单标题框

本作业源素材及完成效果参考如图 A10-62 所示。

源素材
图 A10-62

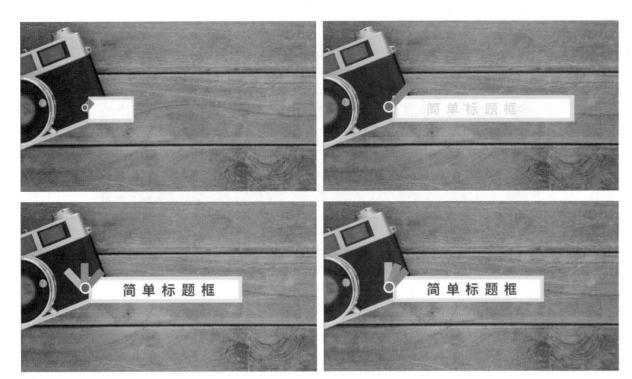

完成效果参考

素材作者：Tirachard Kumtanom

图 A10-62（续）

作业思路

新建序列，导入素材，使用【矩形工具】绘制所需图形；绘制完成后，将图形创建关键帧动画。

A10.12　作业练习——使用图形元素装饰视频

本作业源素材及完成效果参考如图 A10-63 所示。

源素材

图 A10-63

完成效果参考

素材作者：Edgar Fernández

图 A10-63（续）

作业思路

使用【钢笔工具】【矩形工具】【椭圆工具】绘制线条、三角形、矩形、圆形等图形，完成后调整图形的【位置】【旋转】【不透明度】等属性，制作图形动画。

总结

形状图层一般通过【基本图形】面板来新建、删除或调整，也可以在【效果控件】面板里调整。

读书笔记

视频过渡是指两个不同镜头的切换方式，巧妙、自然的视频过渡可以让视频看起来更加流畅，一些极具创意的过渡转场设计更可以为视频锦上添花。

音频过渡是音频与音频之间的过渡衔接，一般指前一个音频渐渐减弱，后面的音频渐渐增强的过程。

A11.1　什么是视频过渡

1. 视频过渡的含义

过渡也叫转场，一个完整的剪辑往往是由很多个视频组成的，视频与视频之间的转换与衔接就称为过渡，它可以使素材之间的切换变得流畅自然。

2. 何时使用过渡

过渡常用在两段剪辑之间，既可以是视频之间，也可以是图片之间，还可以是图形之间。选择过渡并拖动到剪辑上，使图像 A 渐隐，图像 B 渐显，即完成了过渡的效果；过渡也可以放在一段剪辑的入点和出点，实现单个剪辑的渐隐、渐显。

A11.2　视频过渡的类型

【效果】面板中的【视频过渡】文件夹下分类保存着各种过渡，如图 A11-1 所示。

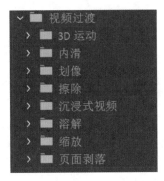

> 视频过渡
> 　3D 运动
> 　内滑
> 　划像
> 　擦除
> 　沉浸式视频
> 　溶解
> 　缩放
> 　页面剥落

图 A11-1

1. 3D 运动

【3D 运动】过渡是模仿立方体旋转或翻转的过渡，包括【立方体旋转】【翻转】。【立方体旋转】效果使两幅图像好像被映射到立方体的两个面一样，立方体旋转使画面从图像 A 过渡到图像 B，如图 A11-2 所示。

A11.1　什么是视频过渡
A11.2　视频过渡的类型
A11.3　音频过渡的类型
A11.4　添加视频过渡
A11.5　编辑过渡
A11.6　替换和删除过渡
A11.7　实例练习——复合过渡效果
A11.8　综合案例——制作动态相册
A11.9　综合案例——歌曲串烧
A11.10　作业练习——制作毕业纪念册
A11.11　作业练习——跟随音乐节奏卡点过渡
总结

素材作者：Frank Winkler、invisiblepower

图 A11-2

2. 内滑

【内滑】过渡将剪辑图像滑入或滑出画面完成过渡，包括【中心拆分】【内滑】【带状内滑】【拆分】【推】，如图 A11-3 所示。

图 A11-3

3. 划像

【划像】过渡以交叉、圆形、盒形或菱形方式擦除图像 A 从而显示出图像 B，开始和结束都在屏幕中心进行，如图 A11-4 所示。

图 A11-4

4. 擦除

【擦除】过渡是擦除图像 A 的不同部分来显示图像 B，如图 A11-5 所示。

图 A11-5

5. 沉浸式视频

【沉浸式视频】过渡包括多种 VR（虚拟现实）类型的过渡，这类过渡使画面不会出现失真现象，且接缝线周围不会出现连接影，如图 A11-6 所示。

图 A11-6

6. 溶解

【溶解】过渡将图像 A 渐隐于图像 B，即图像 A 淡出的同时，图像 B 淡入，也称为叠画效果。其中，【交叉溶解】是默认的视频过渡，【叠加溶解】【黑场过渡】是较常用的视频过渡，如图 A11-7 所示。

图 A11-7

7. 缩放

【缩放】过渡是图像 A 放大后消失，图像 B 从最大处开始缩小至正常显示，如图 A11-8 所示。

图 A11-8

8. 页面剥落

【页面剥落】过渡模仿翻书效果，即图像 A 卷曲退出以显示图像 B，如图 A11-9 所示。

图 A11-9

A11.3　音频过渡的类型

　　【效果】面板中的【音频过渡】如图 A11-10 所示。可以在同一个轨道上的两段音频之间添加音频过渡；如果要使音频淡入或淡出，就在音频的开头或者结尾添加音频过渡。

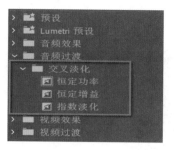

图 A11-10

1. 恒定功率

【恒定功率】过渡是 Premiere Pro 的默认音频过渡。它将两段音频的淡化曲线按照抛物线的方式进行交叉，首先缓慢降低第一个剪辑的音频，然后快速接近过渡的末端；对于第二个剪辑，此交叉淡化首先快速增加音频，然后缓慢地接近过渡的末端。【恒定功率】过渡符合人的听觉规律，效果比较流畅、自然，容易令人接受，如图 A11-11 所示。

素材来源：Adobe 官网

图 A11-11

2. 恒定增益

【恒定增益】过渡将两段剪辑的淡化曲线进行直线交叉，音频的增益以恒定的速率变化，效果生硬，比较机械化，如图 A11-12 所示。

图 A11-12

3. 指数淡化

【指数淡化】过渡使用对数曲线完成淡入、淡出的效果，过渡过程中完成前一段音频的淡出效果的同时进行另一段音频的淡入效果，如图 A11-13 所示。

图 A11-13

【指数淡化】过渡类似于【恒定功率】过渡，但是过渡过程更加舒缓。

A11.4 添加视频过渡

1. 在两个剪辑之间应用过渡

◆ 一种方法是拖曳过渡放在两段剪辑中间的编辑点上，这种方式叫作中心切入，如图A11-14所示。

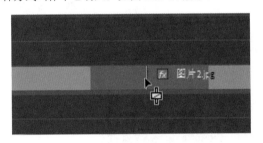

图 A11-14

◆ 另一种方法是在序列中选择需要添加过渡的编辑点，右击选择【应用默认过渡】选项，如图A11-15所示。

图 A11-15

2. 应用单侧过渡

单侧过渡指将过渡效果拖曳至单个剪辑，在入点或出点单侧添加过渡效果，如图A11-16所示。

图 A11-16

3. 同时对多个剪辑添加过渡

框选多个剪辑，执行【序列】-【应用默认过渡到选择项】命令（Ctrl+D），即可对多个剪辑应用默认的过渡，如图A11-17所示。

图 A11-17

4. 编辑控制端

当光标放在过渡的两端时，会变成红色方括号，如图A11-18所示，可以拖动光标快速改变过渡的持续时间。

图 A11-18

5. 处理长度不足（或不存在）的开头和结尾

当两段视频未经剪辑时，在视频之间添加过渡，Premiere Pro 会提示"媒体不足。此过渡将包含重复的帧。"，如图A11-19所示，这时过渡效果会产生静帧。添加过渡时需要注意素材的长度，避开素材的起点或终点。

以两段未经剪辑的视频为例，在两段完整视频中间添加【划出】过渡，过渡中会出现很多斜线，如图A11-20所示。

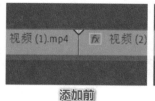

图 A11-19   图 A11-20

在时间轴中移动指针，当过渡经过编辑点前，画面中的"视频（2）"是静止状态，显示的是第一帧的静帧，如图A11-21所示。

素材作者：Dan Dubassy

图 A11-21

当过渡经过编辑点后，画面中的"视频（1）"是静止状态，显示的是最后一帧的静帧，如图A11-22所示。

图 A11-22

A11.5 编辑过渡

在序列中选择过渡，打开【效果控件】面板可以看到过渡的参数，如图 A11-23 所示。

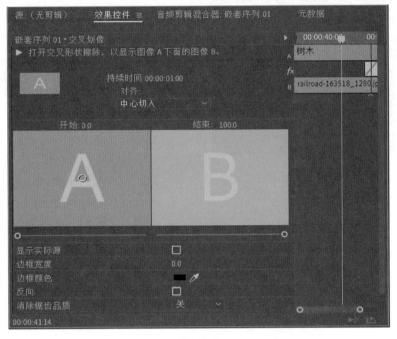

图 A11-23

◆ 【持续时间】：可以控制过渡的时间，默认为 1 秒，即完成整个过渡的时间是 1 秒。也可以在序列中右击过渡，选择【设置过渡持续时间】选项，如图 A11-24 所示；或者直接双击序列中的过渡，调整过渡的时间。

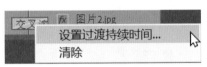

图 A11-24

◆ 【对齐】：可以修改切入方式，包括【中心切入】【起点切入】【终点切入】；直接用鼠标在序列中移动过渡，对齐方式会变为【自定义起点】。

◆ 【开始】【结束】以及下方的滑块：可以拖动滑块控制过渡的完整性；也可以直接输入数值控制过渡，【开始】的数值一定小于【结束】的数值，如图 A11-25 所示。

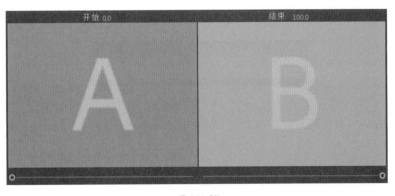

图 A11-25

◆ 【显示实际源】：选中该复选框可以在预览区域中显示实际的素材效果，如图 A11-26 所示。默认为不选中。

图 A11-26

◆ 【边框】：可以为过渡过程添加边框，与描边类似，描边数值越大边框的宽度越大，还可以修改边框颜色。

◆ 【反向】：选中【反向】复选框就是使过渡的方向与原来相反，相当于倒放过渡的效果。

◆ 【消除锯齿品质】：当画面中包含精细的线条动画时，设置为【开】可以消除闪烁。

◆ 【自定义】：某些过渡有【自定义】选项，如【翻转】【随机块】等过渡，可以精细定制过渡的效果。

◆ 还有个别过渡，如【推】【立方体旋转】等过渡的【效果控件】面板左上角有一个缩览图，用鼠标指向四个三角形，显示"自东向西""自南向北"等，如图 A11-27 所示，单击可以修改过渡的方向。

图 A11-27

SPECIAL 扩展知识

过渡分为两类：软过渡和硬过渡。

◆ 软过渡比较柔和，有叠加或者虚化效果，如【溶解】过渡。

◆ 硬过渡比较生硬，有更多运动转换效果，如【3D运动】和【划像】过渡。

A11.6 替换和删除过渡

有时添加过渡后发现它并不能达到预想的效果，这时可以对过渡进行替换或者删除。

替换过渡：非常简单，在【效果】面板中选择想要的过渡效果，直接拖曳到序列中现有的过渡上，Premiere Pro 将自动覆盖现有的过渡效果。

删除过渡：直接在序列中选择过渡效果，按 Delete 键即可。

A11.7 实例练习——复合过渡效果

操作步骤

01 新建项目"复合过渡效果"，导入素材"视频 1""视频 2"，拖曳至【时间轴】面板创建序列。

02 使用【剃刀工具】将"视频 1"的后半部分、"视频 2"的前半部分切开并删除，如图 A11-28 所示。

图 A11-28

03 在【效果】面板中搜索【拆分】过渡并添加到两个剪辑中间，在【效果控件】面板中设置【持续时间】为 1 秒 10 帧，效果如图 A11-29 所示。

图 A11-29

04 在【项目】面板中右击选择【新建项目】-【调整图层】选项，将"调整图层"拖曳至 V2 轨道，使用【剃刀工具】将调整图层切开，如图 A11-30 所示。

图 A11-30

05 在【效果】面板中搜索【内滑】过渡并添加到"调整图层"中间，在【效果控件】面板中设置【持续时间】为 2 秒，效果如图 A11-31 所示。

图 A11-31

06 重复步骤 4 的操作，新建一个"调整图层"，将其拖曳至 V3 轨道，并使用【剃刀工具】切开；再重复步骤 5 的操作，添加【中心拆分】过渡，效果如图 A11-32 所示。

图 A11-32

07 这样一个复合过渡效果就制作完成了，播放序列，效果如图 A11-33 所示。

图 A11-33

A11.8 综合案例——制作动态相册

本综合案例完成效果如图 A11-34 所示。

素材作者：Pexels、pixel2013、Kranich17

图 A11-34

操作步骤

01 新建项目"动态相册"，新建"序列01"，选择预设【HDV 1080p30】，导入提供的图片素材。

02 框选所有素材，右击选择【持续时间】选项，在弹出对话框中输入数值 400，即设置持续时间为 4 秒，如图 A11-35 所示。

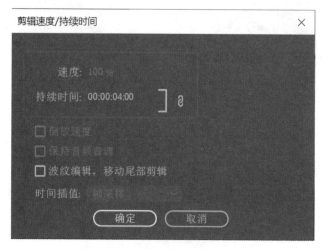

图 A11-35

03 框选所有图片拖曳至【时间轴】面板，并依次在图片之间添加视频过渡：【立方体旋转】【推】【圆划像】【叠加溶解】【交叉缩放】【螺旋框】，如图 A11-36 所示。

图 A11-36

04 播放序列查看效果，动态相册已经有了完整的过渡效果，为了使相册不显单调，在【效果控件】面板中依次为每个图片添加【运动】效果，如【缩放】【位置】等，增加画面动感。

05 为了使动态相册效果更丰富，可以添加一段音乐，导入提供的音频素材"我们去旅行吧"并拖曳至 A1 轨道，如图 A11-37 所示。

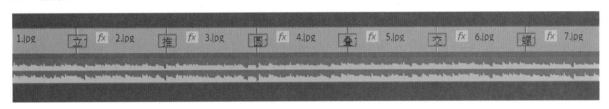

图 A11-37

06 在相册末尾 28 秒处将音频切开，添加音量关键帧，制作声音淡出效果。这样一个动态相册就制作完成了，播放序列查看效果。

A11.9　综合案例——歌曲串烧

本综合案例完成效果如图 A11-38 所示。

图 A11-38

操作步骤

01 新建项目"歌曲串烧"，导入视频素材、音频素材、图片素材，分别对视频素材与音频素材进行初剪，取素材中间 2 ～ 8 秒的片段，将素材拖曳至序列中，如图 A11-39 所示。

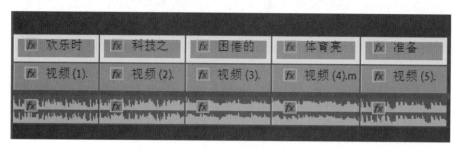

图 A11-39

02 在【项目】面板中右击选择【新建项目】-【调整图层】选项，单击【确定】按钮，将"调整图层"拖曳至 V3 轨道，使用【剃刀工具】切分成 5 个片段，如图 A11-40 所示。

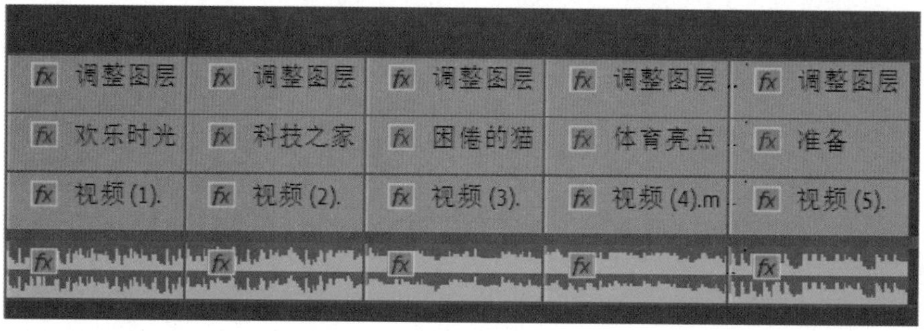

图 A11-40

03 分别在"调整图层"片段之间添加【白场过渡】【内滑】【圆划像】【随机块】过渡，如图 A11-41 所示。调整【圆划像】【随机块】过渡的【边框宽度】为 30 并添加【边框颜色】。

04 继续使用调整图层在 V4 轨道制作复合过渡，如图 A11-41 所示。

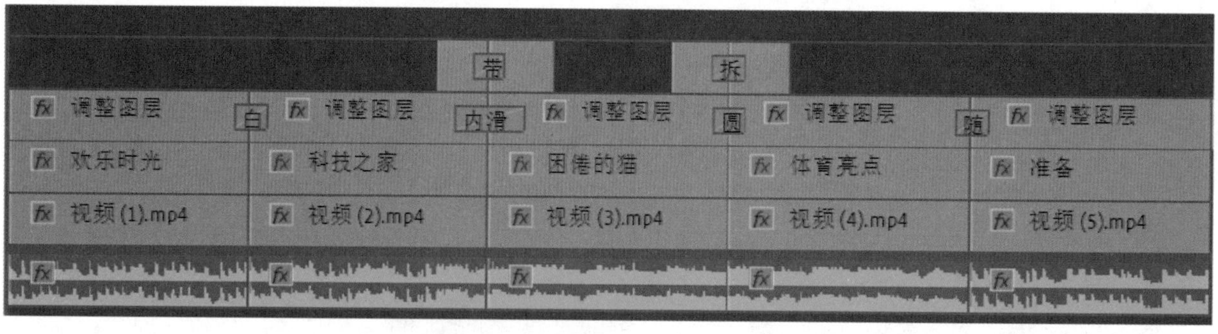

图 A11-41

05 开始编辑音频，在音频之间添加【恒定功率】【恒定增益】过渡，如图 A11-42 所示。

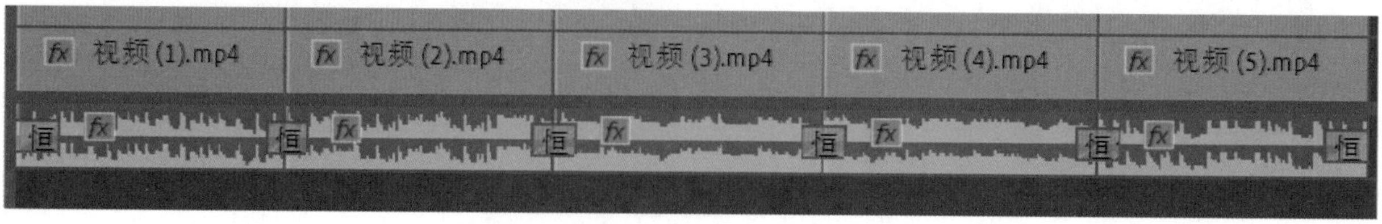

图 A11-42

06 至此，歌曲串烧就制作完成了，播放序列观察效果，如图 A11-43 所示。

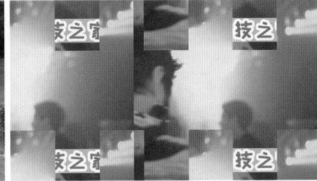
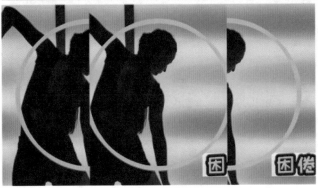

图 A11-43

A11.10 作业练习——制作毕业纪念册

本作业源素材和完成效果参考如图 A11-44 所示。

毕业照片 (1)

毕业照片 (2)

毕业照片 (3)

毕业照片 (4)

毕业照片 (5)

毕业照片 (6)

毕业照片 (7)

毕业照片 (8)

毕业照片 (9)

毕业照片 (10)

源素材
素材作者：maura24、Leo_Fontes、Chantellen
图 A11-44

完成效果参考

图 A11-44（续）

作业思路

　　新建项目序列，将照片拖曳至序列中，调整【运动】效果制作位移动画，添加过渡并使用调整图层制作复合过渡，最后添加一段音乐，完成毕业纪念册的制作。

A11.11　作业练习——跟随音乐节奏卡点过渡

本作业完成效果参考如图 A11-45 所示。

图 A11-45

素材作者：Jibs-breizh、jameswheeler、Leolo212

图 A11-45（续）

作业思路

新建序列，导入提供的音频素材和图片素材，音乐取前 15 秒，根据音频节奏剪辑图片，并在图片之间添加过渡效果，对每个图片添加运动关键帧使画面不单调，音频结尾添加音频过渡使音乐淡出。

总结

应用过渡能够突出整个剪辑作品的风格。充分认识并灵活运用过渡效果，对提升作品质量有非常大的帮助。

读书笔记

A12课

视频效果

无后期，不视频

Premiere Pro 内置了很多效果，如【变换】【扭曲】【颜色校正】【杂色与颗粒】【键控】等，功能丰富，用它们可以完成动画、调色、风格化等后期制作工作，是视频创作的重要环节。

A12.1　添加视频效果

A12.2　复制视频效果

A12.3　编辑视频效果

A12.4　使用调整图层

A12.5　使用效果预设

A12.6　关闭和删除视频效果

A12.7　作业练习——镜头扭曲
效果

A12.8　作业练习——竖屏变横屏

总结

A12.1　添加视频效果

在【效果】面板中打开【视频效果】文件夹可以看到分类排列的各种视频效果，如图 A12-1 所示，在【效果】面板的搜索栏输入名称可以找到效果。

图 A12-1

搜索并选择【垂直翻转】效果，将其拖曳到【时间轴】面板的剪辑上，该效果就已经应用到素材上了。

◆ 可以选中时间轴上的剪辑素材，同时拖曳视频效果到【效果控件】面板中；或者双击效果，可以将效果快速添加到【效果控件】面板中。

◆ 可以一键将效果添加到序列上某个剪辑的所有片段中。

在【项目】面板中双击选择源素材，这时【源监视器】会打开素材，在【效果】面板中选择视频效果拖曳到【源监视器】中即可。查看序列中的任意片段，发现此剪辑的任意片段都被统一添加了视频效果。

> 豆包："为什么在【效果控件】面板中找不到添加的效果呢？"
>
> 　如果视频效果应用在源素材上，在序列中选择片段，在【效果控件】面板中是看不到对应效果的。此时需要在【项目】面板中找到素材，双击素材，再在【效果控件】面板中编辑效果。

A12.2　复制视频效果

应用的视频效果可以复制并应用于其他的剪辑上，不需要重新进行添加、调整。

选择剪辑，右击选择【复制】选项，然后选中单个或多个剪辑，右击选择【粘贴属性】选项，在弹出的对话框中选中【效果】复选框，选择需要粘贴的效果属性，如图 A12-2 所示。

图 A12-2

视频效果还可以在同一剪辑上复制，两个效果同时作用于同一剪辑上，在【效果】面板中选择添加的效果复制（Ctrl+C）后粘贴（Ctrl+V），会出现两个参数相同的效果；选择效果，右击选择【重命名】选项命名新的效果，可以对新的效果进行二次编辑，如图 A12-3 所示。

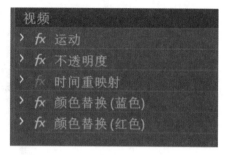

图 A12-3

A12.3　编辑视频效果

1. 编辑效果

打开【效果控件】面板可以对效果参数进行进一步的设置，如图 A12-4 所示。

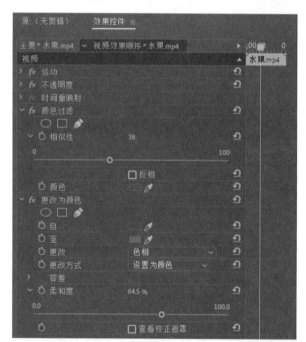

图 A12-4

同编辑【运动】效果一样，添加视频效果后，可以设置数值或者移动滑块，调节效果的各个参数；也可以在【效果控件】面板单击秒表，对其效果参数进行调整，添加关键帧，拖动指针，在不同时间设置不同的参数，创建效果动画，这样效果就会具有更加多样性的变化。

在添加视频效果时会发现搜索栏后面、视频效果的后面可能有一些特殊的标签，如图 A12-5 所示，这些标签有各自不同的含义。

图 A12-5

- 【加速效果】：表示应用该效果时，GPU 会加速显示该效果。
- 【32 位（高色深）效果】：表示该效果的每个通道都是 32 位的。
- 【YUV 效果】：表示该效果是 YUV 格式的效果。YUV 格式是把视频拆解成一个 Y 通道（亮度通道）和两个颜色通道，将亮度通道与颜色通道分离，这样有助于调整亮度的同时不影响颜色的值；而那些不带有 YUV 格式的效果，在处理颜色时，就会出现亮度值或颜色值不准确的情况。

2. 效果徽章

添加视频效果后，【时间轴】面板中的剪辑上会显示不同颜色的【效果徽章】，如图 A12-6 所示。

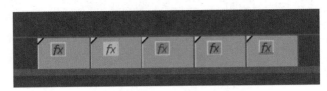

图 A12-6

◆ 灰色徽章：没有应用任何效果。
◆ 黄色徽章：只修改了固定效果（运动、不透明度、时间重映射等）。
◆ 紫色徽章：应用了视频效果，但没有修改固定效果。
◆ 绿色徽章：应用了视频效果，同时修改了固定效果。
◆ 红色下画线徽章：在源素材上应用了视频效果。

A12.4　使用调整图层

调整图层的使用频率很高，它可以添加视频效果，并且使其应用的效果同时应用到其下方的所有剪辑上，所以一般将调整图层放至序列最高层轨道上。从原理上来说，它与 Photoshop 的调整图层是一样的。

借助调整图层，可以轻松快捷地影响多个剪辑的效果，下面用一个例子来说明，步骤如下。

01 新建项目"使用调整图层"，导入三段视频，并以视频为尺寸新建序列。

02 在【项目】面板中右击选择【新建项目】-【调整图层】选项，弹出调整图层对话框，如图 A12-7 所示，单击确定。

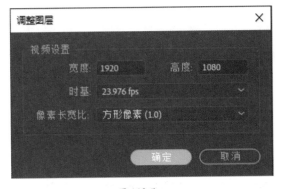

图 A12-7

扩展知识

　　新建调整图层的另一种方式就是随意复制一个图层，右击新复制的图层选择【调整图层】选项，这个图层就变成了调整图层，与新建的调整图层没有什么区别，右击再次选择【调整图层】可以恢复图层为原始状态。

03 将三段视频拖曳至 V1 轨道上，将调整图层拖曳至 V2 轨道上，为了形成对比，使用手柄将调整图层持续时间与"办公场景 1"对齐，如图 A12-8 所示。

图 A12-8

04 选择"调整图层"，添加视频效果【查找边缘】，播放序列查看效果，发现调整图层以下的视频同时被添加了【查找边缘】效果，如图 A12-9 所示。

素材作者：Francisco Fonseca、Mario Arvizu

图 A12-9

05 单击视频"办公场景（3）"或"办公场景（1）"，打开【效果控件】面板发现并没有视频效果。移动指针发现"办公场景（2）"并没有任何变化，因为调整图层并没有覆盖它。

06 选择调整图层，在【效果控件】面板中将【查找边缘】的【与原始图像混合】值调整为50%，将指针移动到"办公场景（1）"处，查看效果，发现视频效果减淡了，如图 A12-10 所示。

图 A12-10

07 使用效果控件中的【切换效果开关】 *fx* 对比前后效果，如图 A12-11 所示。

图 A12-11

调整图层就是这个作用，它能将添加在任何自身上的效果映射到所在轨道以下的所有剪辑中，不会影响当前的轨道以上的剪辑。但调整图层只是起到调整的作用，并没有真的改变剪辑的参数或在剪辑上添加效果。

调整图层虽然有【时间重映射】的属性，但是并不会产生实际的效果，调节【时间重映射】只能改变调整图层的持续时间，并没有改变调整图层的速度，也不会影响到轨道以下的任何图层。

A12.5 使用效果预设

在编辑工作的过程中，为了节省时间，Premiere Pro 中储存了大量的预设，熟练使用预设可以有效提高工作效率，大大减轻工作量。

1. 添加效果预设

效果预设的使用方法与视频效果一样，直接选择预设拖曳到序列中的剪辑上或者直接拖曳到【效果控件】面板中即可。

（1）打开项目"效果预设"，如图 A12-12 所示。

图 A12-12

（2）选中"无人机"，在【效果】面板中依次单击【预设】-【画中画】-【25% 画中画】-【25% 运动】-【画中画 25%LL 至 LR】，拖曳预设至【效果控件】面板。

（3）播放序列观察效果，可以看到"无人机"已经变成了画中画的效果，随着时间推移还有位移动画，如图 A12-13 所示。

素材作者：Edgar Fernández、Vreel
图 A12-13

2. 保存效果预设

如果制作了很多效果，想要在以后的工作中应用这些效果，又不想重复多次地反复编辑，Premiere Pro 支持将这些效果保存成为新的预设，新的预设将以自定义名称保存在【预设】文件夹中。

（1）新建项目"保存效果预设"，导入"蔬菜""榨汁机"素材并拖曳至【时间轴】面板中创建序列。

（2）选择"榨汁机"拖曳至 V1 轨道 4 秒处。

（3）将"蔬菜"拖曳至 V2 轨道，打开【效果】面板添加【旋转扭曲】效果，移动指针至 3 秒处，添加【角度】【旋转扭曲半径】关键帧，如图 A12-14 所示。

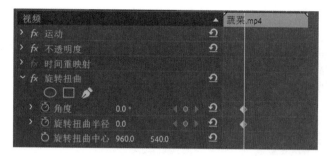

图 A12-14

（4）然后移动指针到 5 秒处，修改【角度】为 -1x-300、【旋转扭曲半径】为 60，如图 A12-15 所示。

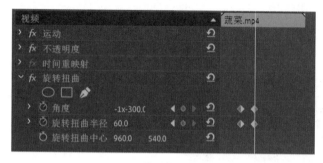

图 A12-15

（5）移动指针至 4 秒处，添加【不透明度】关键帧，在 5 秒处修改【不透明度】为 0%，如图 A12-16 所示。

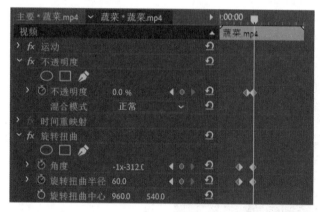

图 A12-16

（6）制作完成后，在【效果控件】面板中选择【不透明

度】【旋转扭曲】效果属性，右击选择【保存预设】选项，在弹出的对话框中可以重命名，如图 A12-17 所示。

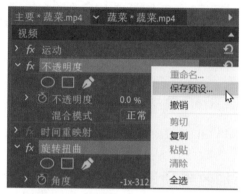

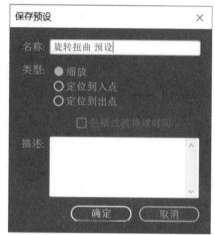

图 A12-17

（7）预设有三种类型，用来控制预设应用到不同剪辑时定位的位置。

◆ 【缩放】：根据目标剪辑的时间长度缩放预设的关键帧，原始剪辑上的所有现存关键帧都会被移除。

◆ 【定位到入点】：保留第一个关键帧的位置及其与剪辑的其他关键帧的关系，根据剪辑的入点添加其他关键帧。

◆ 【定位到出点】：保留最后一个关键帧的位置及其与剪辑的其他关键帧的关系，根据剪辑的出点添加其他关键帧。

A12.6 关闭和删除视频效果

◆ 暂时关闭效果：打开【效果控件】面板找到该效果，单击效果前面的【切换效果开关】 按钮，即可关闭该效果。

◆ 选择该效果，右击选择【清除】选项或者直接按 Delete 键。

◆ 选择序列中的剪辑，右击选择【删除属性】选项，删除属性用于删除对剪辑执行的多项操作，删除全部属性就会使剪辑恢复为原始状态。在弹出窗口中，选中要删除的效果属性单击【确定】按钮即可，如图 A12-18 所示。

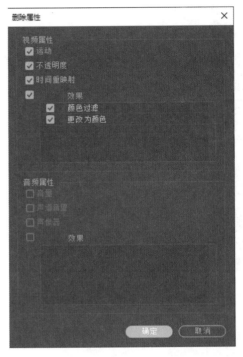

图 A12-18

A

入门篇

基本概念 基础操作

豆包："【视频效果】中的过渡与【视频过渡】中的过渡有什么区别呢？"

　　【视频过渡】中的过渡只能完成同一轨道上剪辑的过渡，而【视频效果】中的过渡可以完成不同轨道上剪辑的过渡，可以制作更加丰富的过渡效果。

A12.7　作业练习——镜头扭曲效果

本作业源素材及完成效果参考如图 A12-19 所示。

源素材

完成效果参考

素材作者：Ruben Velasco

图 A12-19

作业思路

找到视频效果中的【镜头扭曲】并添加到视频上。

A12.8　作业练习——竖屏变横屏

本作业源素材及完成效果参考如图 A12-20 所示。

源素材

素材作者：Edgar Fernández

完成效果参考

图 A12-20

作业思路

新建序列，导入素材，将素材复制一层；分别调整两个素材的【运动】效果属性，并对下面的素材添加模糊效果。

总结

视频效果丰富多样，很多效果需要多次尝试使用、不断练习才能掌握使用方法，效果与效果之间搭配使用可以生成更多的样式，效果中的参数也需要不断调整才能达到预期的效果。

Premiere Pro 提供了高质量的音频处理功能，可以对音频素材添加效果，处理掉录音时产生的杂音、噪声，调整音频音调，根据需要对音频进行各种处理。

啊
啊
啊 啊

A13.1　添加与删除音频效果

A13.2　在音轨混合器中编辑音频效果

A13.3　振幅与压限

A13.4　延迟与回声

A13.5　滤波器和 EQ

A13.6　调制

A13.7　降噪 / 恢复

A13.8　混响

A13.9　特殊效果

A13.10　其他

A13.11　综合案例——制作魔幻音效

A13.12　综合案例——模拟手机通话效果

A13.13　综合案例——模拟喇叭广播效果

A13.14　作业练习——让声音变得更有磁性

总结

A13.1　添加与删除音频效果

◆　添加音频效果：同添加视频效果一样，在【效果】面板中打开【音频效果】文件夹，拖曳效果到音频上即可。

◆　删除音频效果：选择音频，在【效果控件】面板中选择效果，右击选择【清除】选项，或者直接按 Delete 键。

A13.2　在音轨混合器中编辑音频效果

执行【窗口】-【音轨混合器】命令，打开【音轨混合器】面板，可以为整个音频轨道添加音频效果。如图A13-1所示。

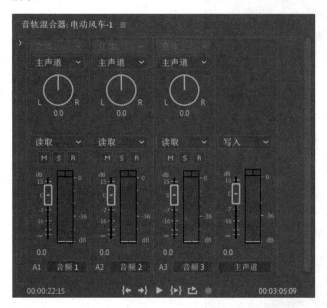

图 A13-1

在【音轨混合器】面板中单击左上角的█按钮打开【显示/隐藏效果和发送】控件，可以在其中选择并添加效果，最多可以在当前轨道添加5个效果，如图A13-2所示。

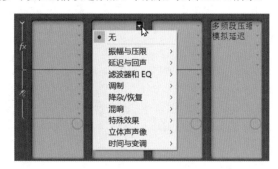

图 A13-2

添加音频效果后，在效果上右击可以修改部分参数，选择【编辑】命令可以打开【轨道效果编辑器】编辑完整参数，如图A13-3所示。

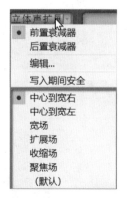

图 A13-3

单击轨道下方的█按钮可以启用/关闭效果。

◆ 在同一轨道上移动效果可以改变音频效果的顺序，按住Ctrl键移动则可以复制音频效果。

◆ 在不同轨道之间移动效果可以复制音频效果，按住Ctrl键移动则可以剪切源轨道上的效果。

为不同的轨道添加了各种效果后，【效果和发送】控件如图A13-4所示。

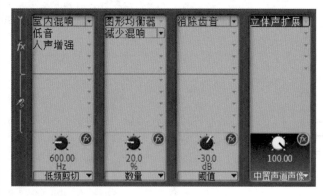

图 A13-4

A13.3　振幅与压限

【振幅与压限】类效果器主要用于改变音频的振幅、音量大小变化的速度或者应用压缩的方式。压限并不是压缩整个信号，而是压缩音频中音量较小和较大部分之间的范围。

1. 通道混合器

可以改变立体声或环绕声道的平衡，可以更改声音的外观位置、校正不匹配的电平或解决相位问题。

2. 多频段压缩器

【单频段压缩器】的升级版，它分成 4 个频段，每个频段都有自己的压缩器，相对来说可压缩更多的频率。

3. 电子管建模压缩器

与【单频段压缩器】具有相同的参数，但提供了稍微不同、略微不清晰的模拟电子管的音质。

4. 强制限幅

会大幅减弱高于指定阈值的音频，通常通过输入增强施加限制，可以在提高整体音量的同时避免扭曲。

5. 单频段压缩器

与动态处理的方式一致，压缩会改变输出与输入的关系。其中，阈值指的是压缩开始的电平，比率指的是输出电平相对于输入电平的变化量。比如，在 5:1 的比率下，输入电平增加 5 dB，则会在输出电平增加 1 dB；比率为 1:1 时，输入与输出是线性关系，比率值越大，声音被压缩的量越大。

6. 动态

根据音量大小来改变输出电平与输入电平的关系。【自动门】用于限制低于阈值的电平输出，【限幅器】用于将所有输出电平限制在阈值电平以下。若想将某段起伏较大的输入电平变得平缓一些，则使用【压缩程序】，又称为"压缩器"；若想将某段比较平缓的输入电平变得起伏更大一些，则使用【扩展器】，又称为"拓展器"。

7. 动态处理

用图示的方式改变输出与输入的关系。当大的输入信号增加只产生小的输出信号增加时，这种变化称为"压缩"；当小的输入信号增加只产生大的输出信号增加时，这种变化称为"扩展"。

8. 增幅

可增强或减弱音频信号。调节增益可以增强或减弱各音频声道的音量，而链接滑块可以链接各声道的滑块，使它们一起移动。

9. 通道音量

可用于独立控制立体声或 5.1 剪辑或轨道中的每条声道的音量。每条声道的音量以分贝衡量。

10. 消除齿音

可去除音频中使高频扭曲的"嘶嘶"声。

◆ 模式：选择【宽频】统一压缩所有频率，选择【多频段】仅压缩齿音范围。【多频段】更适合大多数音频内容，但会稍微增加处理时间。
◆ 阈值：设置振幅上限，超过此值，振幅将进行压缩。
◆ 中置频率：指定齿音最强时的频率。需要进行验证，验证后再调整此设置。
◆ 带宽：确定触发压缩器的频率范围。
◆ 仅输出齿音：播放并由用户验证检测到的齿音。验证后可以微调【中置频率】的值。
◆ 增益降低：显示处理后频率的压缩级别。

A13.4 延迟与回声

1. 多功能延迟

可以为剪辑中的原始音频添加最多四个回声，适用于 5.1、立体声或单声道剪辑。

2. 模拟延迟

可以模拟老式硬件压缩器的声音温暖度与自然度。

3. 延迟

延迟效果只是重复音频次数，重复第一次的开始时间由延迟量指定。

A13.5 滤波器和 EQ

1. 带通

移除在指定范围外发生的频率或频段。

2. FFT 滤波器

可自定义频率图形，快速控制声音的频率或振幅。

3. 低通

用于消除低于指定"屏蔽度"频率的频率。

4. 低音

用于增强或减弱低频，"提升"指定低频的分贝数。

5. 陷波滤波器 / 简单的陷波滤波器

用于去除音频中窄频段杂音，如电话系统中的标准音调、电流嗡嗡声。

6.参数均衡器 / 简单的参数均衡器

可以最大限度地控制音频音调，提供了 9 个频段的调整设置。

7.图形均衡器（10 段、20 段、30 段）

可以增强或削减特定频段，直观地表现 EQ 曲线。可以使用预设快速地均衡所选频段。

8.科学滤波器

用于对音频进行高级处理。提供了 3 种方式：频率响应（分贝）、相位（度）、组延迟（毫秒），分别可以高精度滤波、控制某频段的相位、控制某频段的频率等。

9.高通

用于消除高于指定"屏蔽度"频率的频率。

10.高音

用于增强或减弱高频，提升控件指定以分贝为单位时的增减量。

A13.6　调制

1.镶边

通过将大致等比例的变化短延迟混合到原始信号中而产生的音频效果。与和声效果器一样，只不过它使用更短的时间来创建相位抵消，从而带来丰富、立体的效果。

2.和声 / 镶边

和声和镶边效果的组合版本。和声模式可以一次模拟多个语音或乐器，原理是通过少量反馈添加多个短延迟。使用此效果可增强人声音轨或为单声道音频添加立体声空间感。

3.移相器

与镶边类似，相位调整会移动音频信号的相位，并将其与原始信号重新合并。但与使用可变延迟的镶边效果不同，相位调整可以显著改变立体声声像，创造超自然的声音。

A13.7　降噪 / 恢复

1.降噪

可以降低或完全去除音频中的噪声。处理对象可能包括不需要的嗡嗡声、嘶嘶声、风扇噪声、空调噪声或任何其他背景噪声。

2.减少混响

可以消除混响曲线且可以辅助调整混响量，范围为 0 到 100%，并可以控制应用于音频信号的处理量。

3.消除嗡嗡声

可以去除窄频段及其谐波。最常见的应用是处理照明设备和电子设备电线发出的嗡嗡声。

4.自动咔嗒声移除

可以校正一大段音频中的咔嗒声和爆音，或者单个的咔嗒声和爆音。

A13.8　混响

1.卷积混响

通过一个有特定声学空间特征的脉冲，重现从衣柜到音乐厅的各种空间效果，且参数可以调整。

2.室内混响

与其他混响效果一样，可以模拟声学空间。但是相对于其他混响效果，它的速度更快。

3.环绕声混响

主要用于 5.1 音源，也可以为单声道或立体声音源提供环绕声环境。

A13.9　特殊效果

1.吉他套件

用于模拟吉他信号的处理链，可模拟吉他表演的一般效果。

2. 用右侧填充左侧

复制音频剪辑的左声道信息，并将其放置在右声道中，丢弃原始剪辑的右声道信息。仅应用于立体声音频剪辑。

3. 用左侧填充右侧

复制音频剪辑的右声道信息，并将其放置在左声道中，丢弃原始剪辑的左声道信息。同样仅应用于立体声音频剪辑。

4. 扭曲

通过对信号的峰值进行削波来产生谐波。可以为正负值创建不同量的削波，形成不对称的失真，当然也可以生成对称失真。常用于模拟鸣响的汽车扬声器、消音的麦克风或过载的放大器。

5. 互换通道

互换左右声道信息的位置。仅应用于立体声剪辑。

6. 人声增强

方便、快捷地增强音频中语音的清晰度，或减少音乐中的杂音。

7. 母带处理

快速对音频进行整体优化处理。有提升主体响度、增加

环境混响、提高清晰度等功能。

8. 反转

反转所有声道的相位。此效果适用于 5.1、立体声或单声道剪辑。

9. 雷达响度计

测量剪辑、轨道或序列的音频级别。提供有关峰值、平均和范围级别的信息。

A13.10　其他

1. 立体声声像 - 立体声扩展器

可以定位并扩展立体声声像。

2. 时间与变调 - 音高换挡器

可以用来改变音调。它是一个实时效果，可与母带处理组或其他效果相结合。也可以使用自动化通道随着时间改变音调。

3. 平衡 / 静音 / 音量

在应用其他音频效果之前使用，可以对音频进行初步编辑。

A13.11　综合案例——制作魔幻音效

操作步骤

01 新建项目"魔幻音效"，导入音频素材"录音"，并将其拖曳至【时间轴】面板创建序列。选中"录音"，打开【效果】面板搜索【音高换挡[1]器】效果，如图 A13-5 所示。

图 A13-5

---

[1] 软件汉化有误，应为"挡"，书中统一使用"音高换挡器"，后文不再赘述。

02 双击对"录音"添加该效果，在【效果控件】面板中单击【音高换挡器】效果下的【编辑】按钮，弹出【剪辑效果编辑器】对话框；选择【愤怒的沙鼠】预设，如图 A13-6 所示，播放序列试听效果，发现声音已经变成了类似于沙鼠的声音。

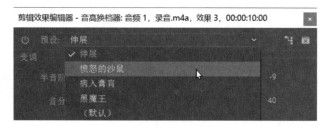

图 A13-6

03 "录音"的混响效果过于明显，下面重复步骤1和2添加【减少混响】效果，单击【编辑】按钮，选择【强混响减低】预设，如图 A13-7 所示，播放序列，效果比之前好了很多。

图 A13-7

04 声音的后半段听起来有些模糊，添加【人声增强】效果，调整参数增加声音透明度。

这样原来的音频就被制作成类似于小孩子的声音了。

05 在【项目】面板中选择"录音"，拖曳至序列中，为"录音"添加【模拟延迟】效果，单击【编辑】按钮，选择【机器人声音】预设，如图 A13-8 所示，播放序列，发现声音变成了类似于机器人的声音。

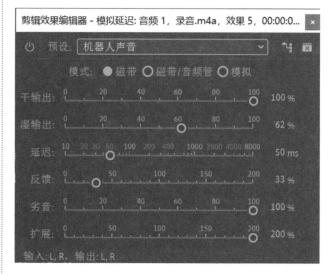

图 A13-8

06 还可以在上一步的基础上添加【音高换挡器】效果，选择【黑魔王】预设，试听效果，声音会变得非常浑厚，是影视作品制作怪物声音时经常使用的音效。

07 类似的魔幻音效还可以制作很多，多次尝试不同的音频效果和预设，会生成很多不同的效果，非常有趣。

A13.12　综合案例——模拟手机通话效果

操作步骤

01 新建项目"模拟手机通话"，导入素材"接听电话""客服声音"，拖曳"接听电话"至【时间轴】面板创建序列，将"客服声音"拖曳至 V1 轨道，如图 A13-9 所示。

02 选择"客服声音"，在【效果】面板中搜索并添加【多频段压缩器】效果，在【效果控件】面板的【多频段压缩器】效果下单击【编辑】按钮，如图 A13-9 所示。

图 A13-9

03 在弹出的对话框中选择【对讲机】预设，如图 A13-10 所示。

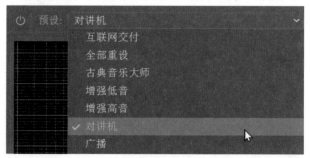

图 A13-10

04 这样一段模拟手机通话效果的音频就制作完成了，播放序列试听效果。

A13.13　综合案例——模拟喇叭广播效果

操作步骤

01 新建项目"模拟喇叭广播效果"，导入图片"喇叭广播"，将其拖曳至【时间轴】面板创建序列。

02 导入音频"全民参与，加强防控"，拖曳至 A1 轨道，修改图片剪辑的持续时间，如图 A13-11 所示。

素材作者：Dale86

图 A13-11

03 选择"全民参与，加强防控"，添加【模拟延迟】效果，在【效果控件】面板中单击效果下的【编辑】按钮，如图 A13-12 所示。

04 在弹出的对话框中选择【公共地址】预设，如图 A13-13 所示。

图 A13-12 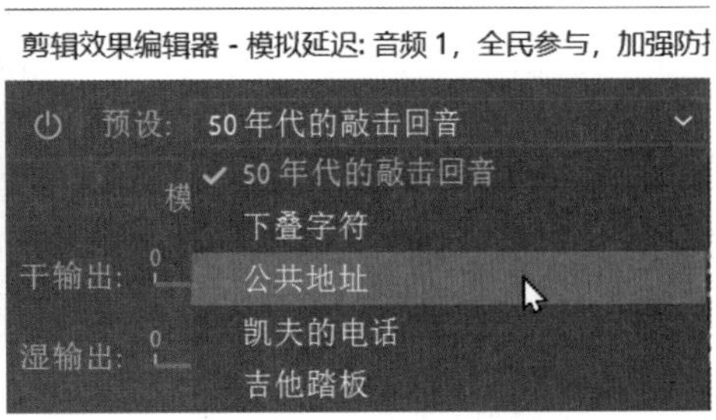　　　　　　　　　　　图 A13-13

这样一段模拟喇叭广播的音频就制作完成了，播放序列试听效果。

A13.14　作业练习——让声音变得更有磁性

作业思路

打开【基本声音】面板，在【对话】选项栏中选择预设效果，然后微调参数设置。

请将作业提交至读者社区，由专业教师辅导、完善。

总结

　　本章主要介绍了音频效果的编辑方法，熟悉音频效果的基本使用方法和作用。声音设计对于影片的表现力而言至关重要，优秀的影视作品可以在视觉和听觉上同时带来震撼和冲击。通过对于音频效果的学习，可以将原始、简单的音频修饰为更加悦耳、更具空间感、更有趣味的适合影视作品的音频。

A14课

文本与字幕

看片怎能没字幕？

A14.1 创建文本

A14.2 编辑文本样式

A14.3 实例练习——霓虹灯文字特效

A14.4 创建滚动字幕

A14.5 使用字幕模板

A14.6 创建并导出字幕

A14.7 综合案例——HELLO！文本出现效果

A14.8 综合案例——创建纪录片标题效果

A14.9 综合案例——快速添加字幕

A14.10 作业练习——星空文本出现效果

总结

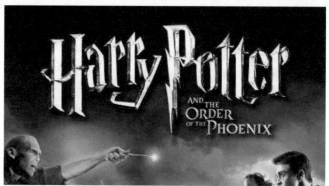

　　我们在日常生活中经常会用文本传递信息，影片中也经常会出现字幕，比如译制片的台词、电影的片尾字幕、科普视频的重要信息等都要用到字幕，字幕可以帮助人们更有效地获取信息。

A14.1　创建文本

Premiere Pro 中可以创建横排文字、竖排文字、区域文字、路径文字等图层，下面介绍创建文本的方法。

新建项目"添加与调整文本"，新建序列，在【工具】面板中选择【文字工具】T，移动鼠标到【节目监视器】并单击，会出现一个文本框，输入文字"PR 从入门到精通"，Premiere Pro 会自动在【时间轴】面板中生成一个图形剪辑，如图 A14-1 所示。

图 A14-1

豆包："字体中没有我想要的字体，怎么办？"

可以自己安装需要的字体。在Windows中打开【开始】菜单-【设置】-【个性化】-【字体】界面，将下载好的字体文件拖曳到【拖放以安装】区域，安装成功后，重启Premiere Pro就可以在字体栏中看到安装的字体了。

如果是macOS，在桌面底部点击launchpad按钮，在菜单中找到"字体册"，打开面板后执行【文件】-【添加字体】命令，在弹出窗口中选择字体并安装即可。

A14.2　编辑文本样式

1. 更改文本外观

创建文本后可以在【效果控件】面板的【文本】属性中，对字体、字符样式等属性进行编辑，如图 A14-2 所示。

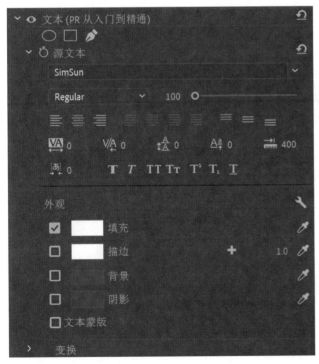

图 A14-2

下面制作文字标题，参数设置如图 A14-3 所示。设置【填充】颜色为黄色，色值为 #FFEB00，选中【描边】复选框并设置【描边】宽度为 15 像素，调整【描边】颜色为黑色。选中【背景】复选框并调整【背景】颜色为蓝色，色值为 #39E9EE，设置【不透明度】为 100%，【大小】为 50，选择【居中对齐文本】，最终效果如图 A14-4 所示。

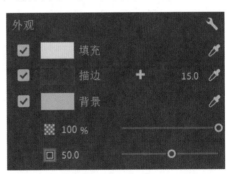

图 A14-3

图 A14-4

单击【外观】属性右侧的【图形属性】按钮，可以修改文本的图形属性，与 A10.6 课中介绍的【图形属性】按钮相同。

2. 保存自定义样式

如果以后想使用同样的效果，可以将已经设置好的效果保存为预设，直接调用，避免重复设置浪费时间。

在【效果控件】面板中，右击文本，选择【保存预设】选项，将预设命名为"文本标题"即可。打开【效果】面板，可以在【预设】文件夹里看到刚才保存的【文本标题】预设，如图 A14-5 所示。

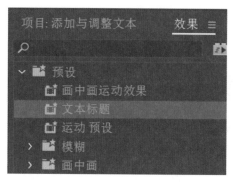

图 A14-5

需要使用时，直接将该预设拖曳至创建好的文本剪辑上即可，能有效地提高工作效率。

3. 应用字幕样式

Premiere Pro 中预设了多种字幕样式，可以直接使用，也可以在此基础上进一步调整设计。

执行【文件】-【新建】-【旧版标题】命令，输入文字"Adobe Premiere"，在【旧版标题样式】中选择相应的字幕样式就可以改变文字效果，如图 A14-6 所示。

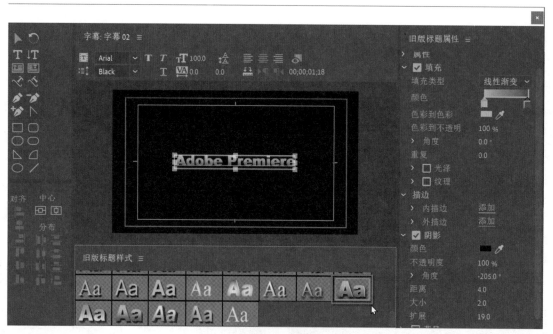

图 A14-6

在字幕编辑窗口左侧，有多种文字工具和图形工具可以丰富字幕内容，还可以使用对字幕的对齐方式和分布位置进行调整。如果要对预设的字幕样式进行调整，可以在窗口右侧的【旧版标题属性】中对预设进行修改，如图 A14-7 所示。

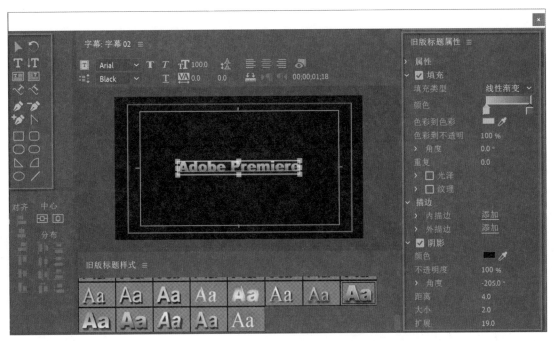

图 A14-7

编辑完成后，直接关闭窗口，【项目】面板中就会出现字幕，拖曳至【时间轴】面板中即可。

A14.3 实例练习——霓虹灯文字特效

操作步骤

01 新建项目"霓虹灯文字特效"，导入素材"背景""音效"，将其拖曳至【时间轴】面板创建序列。

02 新建旧版标题，输入字幕内容为"LUCKY"，【字体系列】为站酷快乐体 2016 修订版，【字体样式】为 Regular，【字体大小】为 178，【颜色】为粉紫色，设置文字居中，如图 A14-8 所示，调整完毕后关闭窗口。

素材作者：Aleksandar Pasaric

图 A14-8

03 将素材"字幕01"拖曳至【时间轴】面板的V2轨道上，按住Alt键向上复制2层，如图A14-9所示。

图 A14-9

04 双击V4轨道的"字幕01复制02"，将【字体颜色】改为淡粉紫色，如图A14-10所示。

05 在【效果】面板中搜索【快速模糊】效果，应用到V3轨道的"字幕01复制01"上，将【模糊度】改为21。

06 复制该效果，粘贴到V2轨道的"字幕01"上，调整【模糊度】为127，效果如图A14-11所示。

图 A14-10

图 A14-11

07 在【效果】面板中搜索【闪光灯】效果，应用到V3轨道的"字幕01复制01"上，调整参数，具体参数如图A14-12所示。

08 这样霓虹灯字幕的闪烁效果就制作好了。选中V2、V3、V4轨道中的剪辑，右击选择【嵌套】选项，名称为"发光字"；选中"音效"与"发光字"，向后移动至第1秒10帧处。

09 在【项目】面板中找到"字幕01"，将其拖曳至【时间轴】面板上并裁剪成1秒10帧，将其移动到V2轨道上，如图A14-13所示。

图 A14-12

图 A14-13

10 根据音效，将V2轨道上的"字幕01"和"发光字"裁剪成交替出现，如图A14-14所示。

图 A14-14

11 在【效果】面板中搜索【闪电】效果，应用到 V1 轨道的"背景"上；在第 1 秒 09 帧处修改【起始点】参数为 966.5,540,【结束点】参数为 969.7,540；在第 1 秒 10 秒处将【起始点】参数修改为 480,540,【结束点】参数修改为 1440,540，如图 A14-15 所示。

图 A14-15

12 在第 0 帧处在 V1 和 V2 轨道上创建【缩放】关键帧，参数为 277；在第 1 秒 10 帧处将参数修改为 100。

13 在【项目】面板中新建"颜色遮罩"，颜色为黑色；将"颜色遮罩"拖曳至【时间轴】面板，将"颜色遮罩"移动到"背景"的下层，如图 A14-16 所示。

图 A14-16

14 在【效果】面板中搜索【黑场过渡】视频过渡，将其分别应用到 V2 轨道的"背景"和 V3 轨道的"字幕 01"的起始位置。这样霓虹灯文字特效就制作完成了，如图 A14-17 所示。

图 A14-17

A14.4　创建滚动字幕

创建滚动字幕有两种方式：旧版标题法和基本图形法。

1. 旧版标题法

执行【文件】-【新建】-【旧版标题】命令，打开【新建字幕】对话框，命名为"PR入门课程目录"，如图A14-18所示。

图 A14-18

单击确定，弹出字幕编辑窗口，在窗口中单击【滚动 / 游动选项】按钮 ▦，弹出【滚动 / 游动选项】对话框，选择【滚动】字幕类型，并选中【开始于屏幕外】和【结束于屏幕外】复选框，如图A14-19所示，单击【确定】按钮开始编辑文字。

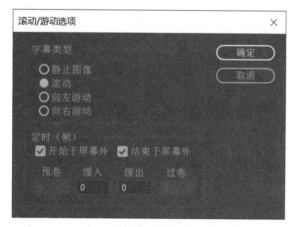

图 A14-19

单击【区域文字工具】▦，粘贴准备好的文字，然后调整文本框，保证所有文字都能在框内显示出来。

可以看到窗口中有更多可编辑的文字属性，设置【文字系列】为方正黑体简体，【字体大小】为80，【行距】为20，选中【填充】复选框，【颜色】为黄色，如图A14-20所示。

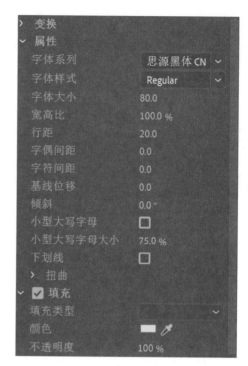

图 A14-20

参数设置完毕后，直接关闭窗口，可以在【项目】面板中看到文本素材，Premiere Pro 创建文本的默认持续时间为5秒，将文本素材拖曳到【时间轴】面板，播放预览效果如图A14-21所示。

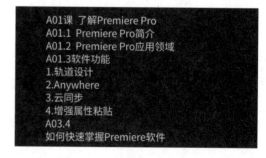

图 A14-21

如果感觉字幕滚动得太快，可以在序列上调节剪辑的【持续时间】来控制字幕的滚动速度，Premiere Pro 以序列上剪辑的入点开始播放字幕，以出点结束播放字幕。

如果想要重新编辑字幕，在序列上双击字幕即可打开字幕编辑窗口。

2. 基本图形法

首先创建字幕，使用文本工具 ▦ 在【节目监视器】中创建字幕，输入"Premiere CC"。

执行【窗口】-【基本图形】命令，打开【基本图形】面板，切换到【编辑】选项卡，如图 A14-22 所示。

图 A14-22

选中【滚动】复选框，就可以制作滚动字幕，如图 A14-23

所示，移动指针可以看到字幕由下向上移动。

图 A14-23

下面简单介绍滚动选项的作用。

◆ 【启动屏幕外】：用于控制滚动的起始位置。若选中，字幕会从屏幕外滚入；若取消选中，则字幕在创建时的初始位置开始滚动。

◆ 【结束屏幕外】：用于控制滚动的结束位置。若选中，则字幕在持续时间之内完全滚出屏幕之外；若取消选中，字幕滚动时在出点突然消失。

◆ 【预卷】：设置经过多长时间，第一个单词才出现在屏幕上。

◆ 【过卷】：指定滚动结束后还要播放多长时间。

◆ 【缓入】：指定字幕从屏幕外进入所需要的时长。

◆ 【缓出】：指定字幕从屏幕内滚出所需要的时长。

A14.5　使用字幕模板

Premiere Pro 不仅有很多预设效果，还保存了大量模板，可以实现丰富的图形效果，在【基本图形】面板中可以看到，每一种模板都根据其特点进行了命名，方便用户参照使用。

直接拖曳模板添加到序列中，可以预览该模板的效果，这里选择【游戏下方三分之一靠右】模板拖曳到序列中，效果如图 A14-24 所示。

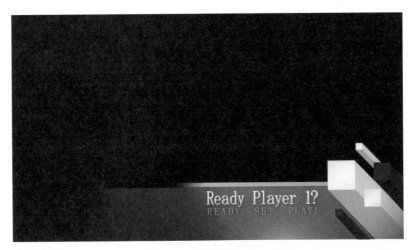

图 A14-24

单击模板打开【基本图形】面板的【编辑】选项卡，可以修改文本、网格等参数设置，如图 A14-25 所示。

图 A14-25

A14.6 创建并导出字幕

1. 创建隐藏式字幕

执行【窗口】-【文本】命令打开【文本】面板，如图 A14-26 所示。单击【创建新字幕轨】按钮创建字幕轨道，在弹出的对话框中选择字幕的格式，默认选择【副标题】，如果之前创建并保存了字幕样式，可以在【样式】中选择字幕样式，在面板底部左下角点击"ABC"按钮，调整字体显示的大小。如图 A14-27 所示。

图 A14-26

图 A14-27

字幕格式中有五种格式，如图 A14-28 所示。

- 澳大利亚 OP-47：澳大利亚广播电视的常用格式。
- CEA-608：模拟广播电视的常用的格式。
- CEA-708：数字广播电视常用格式。
- EBU 字幕：说明性字幕。
- 副标题：常用格式，可以编辑丰富的字幕样式，创建漂亮的字幕。

单击【确定】按钮创建字幕轨道，这时在【时间轴】面板中会出现字幕轨道，单击【添加新字幕分段】◎按钮创建字幕，默认创建字幕的时间为 2 秒 29 帧，如图 A14-29 所示。

图 A14-28

图 A14-29

在【文本】面板中对字幕内容进行编辑，单击【拆分字幕】◎按钮可以将字幕拆分为两段字幕，或者按住 Ctrl 同时选择几个字幕单击【合并字幕】◎按钮将它们合并。

如果字幕非常多，可以在搜索框内输入文字查找字幕分段，如图 A14-30 所示；或者单击【替换】或【全部替换】按钮将字幕中的文字替换为新的内容，如图 A14-31 所示；点击面板右上角【面板选项】按钮，还可以对字幕进行拼写检查，对多音字进行检查，如图 A14-32 所示。

图 A14-30

图 A14-31

图 A14-32

在【时间轴】面板中字幕就像剪辑一样可以拖曳剪辑末端控制持续时间，也可以使用【剃刀工具】将字幕断开或者插入其他字幕。

2. 编辑字幕样式

编辑好字幕可以自由地更改颜色、位置等，打开【基本图形】面板，在面板中对字幕样式进行编辑，如图 A14-32 所示。

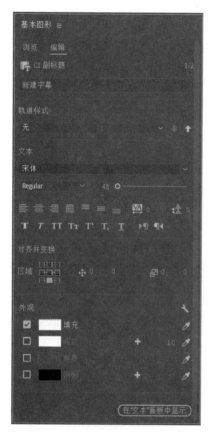

图 A14-32

编辑好字幕样式后在【轨道样式】选项中选择【创建样式】打开【新建文本样式】对话框，对文本样式进行命名，方便下次调整时直接使用，如图 A14-33 所示。

图 A14-33

3. 导出字幕

字幕编辑完后可以通过 Premiere Pro 或者 Adobe Media Encoder 导出字幕。

在【导出设置】窗口中打开到【字幕】选项卡，导出选项为【创建 Sidecar 文件】，文件格式为 SubRip 字幕格式（.srt），选中【包括 SRT 样式】复选框即可，如图 A14-34 所示。

A14-34

也可以在下拉菜单中选择【将字幕录制到视频】选项，字幕嵌入视频中，单击【导出】按钮即可。

4. 语音转文本功能

为了方便编辑字幕，在 Premiere 中使用语音转录功能可以一键完成繁琐耗时的字幕编辑工作。在【文本】面板中单击【转录序列】按钮，设置好转录的音频轨道、语言、转录的范围等参数，单击【转录】按钮，如图 A14-35 所示。

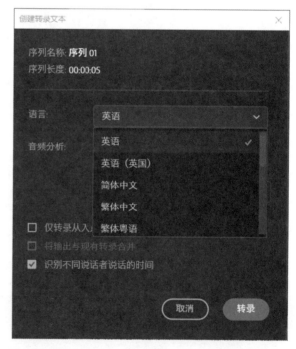

图 A14-35

系统就会根据当前序列的音频生成逐字稿，在逐字稿中对错误文字进行纠错，完成后，单击【创建说明性字幕】按钮，在序列上就会出现对应字幕，在字幕轨道中对字幕进行简单调整。

同时 Premiere 也支持单独将逐字稿导出为 SRT 文件、文本文件、CSV 文件的字幕格式，如图 A14-36 所示。

图 A14-36

A14.7　综合案例——HELLO！文本出现效果

本综合案例的完成效果如图 A14-37 所示。

图 A14-37

操作步骤

01 新建项目"HELLO！文本出现效果"，导入素材"背景"和"边框"，将其拖曳到【时间轴】面板中创建序列，如图 A14-38 所示。

素材作者：Muhammad Khairul Iddin Adnan

图 A14-38

02 使用【文字工具】创建文本"HELLO!"，在【效果控件】面板中调整其参数，如图 A14-39 所示。

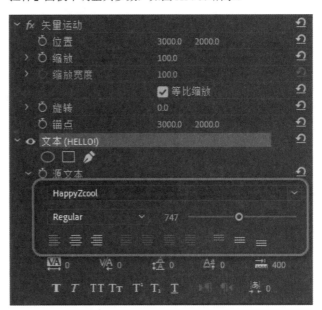

图 A14-39

03 在【效果控件】面板中，单击【创建 4 点多边形蒙版】按钮，调整蒙版形状，如图 A14-40 所示。

图 A14-40

图 A14-40（续）

04 选择"HELLO!"，在【效果控件】面板中找到【文本（HELLO!）】-【变换】-【位置】属性，分别在第 5 帧、第 11 帧和第 15 帧处添加【位置】关键帧，制作文字弹出的动画，如图 A14-41 所示。

图 A14-41

05 选择"边框"，在第 5 帧和第 15 帧处添加【不透明度】关键帧，其参数分别为 0% 和 100%，如图 A14-42 所示。

图 A14-42

06 选择"HELLO!"，在【效果】面板中搜索并添加【线性擦除】效果，双击，在【效果控件】面板中调整【擦

除角度】为 150°，如图 A14-43 所示。

图 A14-43

07 在第 1 秒 10 帧处和第 3 秒处添加【过渡完成】关键帧，其参数为 0% 和 100%，如图 A14-44 所示。

图 A14-44

08 在【效果控件】面板中选择"HELLO!"的【线性擦除】效果复制，再选择"边框"粘贴效果。这样简单的文本出现动画就完成了，效果如图 A14-45 所示。

图 A14-45

A14.8　综合案例——创建纪录片标题效果

本综合案例的完成效果如图 A14-46 所示。

素材作者：Dan Dubassy

图 A14-46

操作步骤

▣1 新建项目"标题文字",导入素材"野生动物",并拖曳到【时间轴】面板中创建序列。

▣2 使用【文字工具】▣创建字幕,输入"动物世界",【字体系列】为思源黑体 Bold,【字体大小】为 200,如图 A14-47 所示。

▣3 添加【四色渐变】效果,使用吸管随机吸取画面中沙漠的颜色,如图 A14-48 所示。

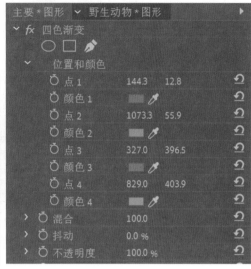

图 A14-47　　　　　　　　　　　　　　　　　　　　图 A14-48

▣4 添加【彩色浮雕】效果,并调整【起伏】为 9,【对比度】为 50,使文字有立体感,如图 A14-49 所示。

▣5 导入素材"岩石纹理",拖曳至文字轨道与视频轨道之间。为文字添加【纹理】效果,设置【纹理图层】为【视频 2】。

▣6 添加【亮度】效果,增加文字亮度,调整曲线如图 A14-50 所示。

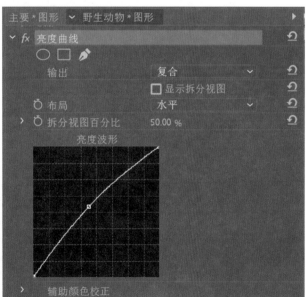

图 A14-49　　　　　　　　　　　　　　　　　　　　图 A14-50

▣7 添加【投影】效果,增加文字立体感,设置【不透明度】为 80%,【距离】为 10,如图 A14-51 所示。

▣8 为文字添加动画,在 1 秒处添加【缩放】关键帧,将指针移动到 0 秒处将【缩放】设置为 0,播放序列查看效果,纪录片标题效果就制作完成了，如图 A14-52 所示。

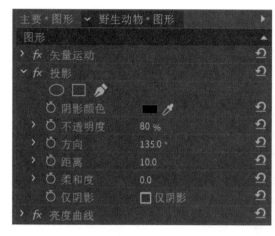

图 A14-51

图 A14-52

A14.9　综合案例——快速添加字幕

　　遇到很长的视频需要添加字幕时，一句一句地添加字幕、修改编辑是很浪费时间的，效率非常低，有一种方式可以快速将音频转换为字幕，导入 Premiere Pro 项目中使用。

操作步骤

　　01 打开浏览器搜索并打开"网易见外工作台"，单击右上方的【新建项目】按钮，在弹出面板中选择【语音转写】，如图 A14-53 所示。

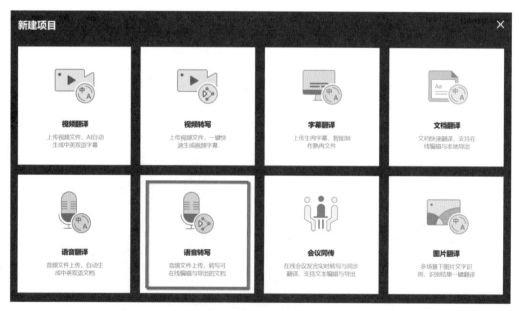

图 A14-53

　　02 输入项目名称为"生成字幕"，单击【添加音频】按钮将录制好的人声导入，选择文件语言为【中文】，出稿类型为【字幕】，单击【提交】按钮，网站会自动处理音频信息，如图 A14-54 所示。

　　03 处理完成后的界面如图 A14-55 所示。

图 A14-54   图 A14-55

04 单击打开项目，可以看到自动生成的字幕，根据时间点从上向下依次排列。

05 单击底部的【播放】 ▶ 按钮，一边试听音频一边检查并修改字幕，时间码处的按钮可以控制时间，字幕右侧的【删除】【切分】【新增】按钮可以对字幕进行修改，注意将光标停在文字中间时才会出现【切分】按钮，如图 A14-56 所示。

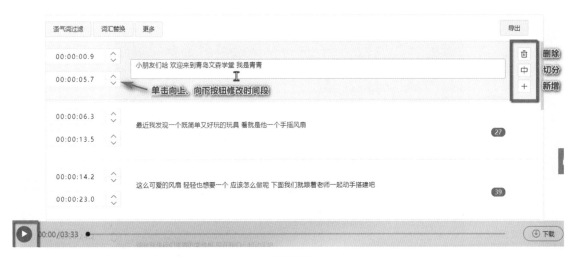

图 A14-56

06 修改完成后单击【导出】按钮，网站会生成 "CHS_ 生成字幕 .srt" 文件。

07 将字幕文件导入 Premiere Pro 中，拖曳到序列上，双击字幕可以打开【字幕】面板，编辑字体、大小、文本样式等，如图 A14-57 所示 。

图 A14-57

08 在序列中，移动字幕的末端可以控制每行字幕的持续时间，可以删除单行字幕，如图A14-58所示。

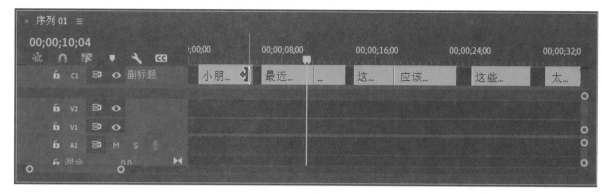

图 A14-58

09 这种方法可以快速完成将音频转换为字幕的工作，不用手动添加，能大大提高工作效率。

A14.10　作业练习——星空文本出现效果

本作业源素材及完成效果参考如图A14-59所示。

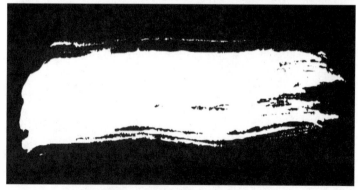

源素材

素材作者：Hristo Fidanov

图 A14-59

完成效果参考

图 A14-59（续）

作业思路

首先新建字幕，将文字遮罩给背景；其次添加笔刷等素材，这样就制作完成了。

总结

本课讲解了关于文本工具的相关知识，重点内容有创建文本、编辑文本样式以及创建字幕等知识，读者要多加练习，熟悉各种参数，制作合适的文本效果。

 读书笔记

项目制作完成后，需要对项目进行渲染、导出为影片，以便在计算机或其他设备中观看、保存。本课就来学习渲染和导出的基本知识，掌握渲染和导出的工作流程。

施工 = 渲染、导出

A15.1　修改分辨率

Premiere Pro 会对序列上指针当前所在的素材进行渲染，用户可以通过【节目监视器】实时预览，要预览一段剪辑就必须进行渲染。

实时预览项目出现卡顿现象时，最简单、快捷的方法就是修改分辨率，在【节目监视器】右下方单击【完整】打开下拉菜单，选择【1/2】或【1/4】分辨率，如图 A15-1 所示。画面会相应变得模糊，可以降低预览项目时的渲染时间。

图 A15-1

还可以在【节目监视器】中右击，在弹出的菜单中分别对【回放分辨率】【暂停分辨率】【高品质回放】进行设置，如图 A15-2 所示。

图 A15-2

A15.1　修改分辨率
A15.2　渲染项目
A15.3　渲染和替换
A15.4　使用代理文件
A15.5　了解导出选项
A15.6　导出单帧
A15.7　使用 Adobe Media Encoder
A15.8　导出项目文件
总结

- 【回放分辨率】：表示播放序列时预览的分辨率。
- 【暂停分辨率】：表示播放指示器暂停时预览的分辨率。
- 【高品质回放】：如果硬件配置比较高，可以激活该选项。

> 豆包："修改分辨率对视频质量有影响吗？"
>
> 修改分辨率只是临时提高了预览的速度，Premiere Pro会生成预览用的缓存文件并保存在指定的位置，执行【编辑】—【首选项】—【媒体缓存】命令，可以找到缓存文件的位置，它并不会影响最终输出的质量。

A15.2 渲染项目

渲染是一种不生成影片的播放方式，但是 Premiere Pro 会在后台生成渲染文件，生成的渲染文件会自动保存在缓存文件夹中。

打开【序列】菜单，可以看到渲染的几种方式，如图 A15-3 所示。

序列(S) 标记(M) 图形(G) 视图(V) 窗口(W) 帮助(H)	
序列设置(Q)...	
渲染入点到出点的效果	Enter
渲染入点到出点	
渲染选择项(R)	
渲染音频(R)	
删除渲染文件(D)	
删除入点到出点的渲染文件	
匹配帧(M)	F
反转匹配帧(F)	Shift+R
添加编辑(A)	Ctrl+K
添加编辑到所有轨道(A)	Ctrl+Shift+K
修剪编辑(T)	Shift+T

图 A15-3

- 【渲染入点到出点的效果】：渲染整个序列上入点到出点之间，红色区域的所有剪辑。
- 【渲染入点到出点】：渲染序列上入点到出点的所有剪辑。
- 【渲染选择项】：只渲染选中的剪辑。
- 【渲染音频】：只渲染音频文件。

打开 A14 课的"添加与调整文本"项目，设置入点与出点，执行【序列】-【渲染入点到出点】命令，Premiere Pro 会在渲染窗口中显示渲染的文件数量、渲染的帧数、预计剩余时间等信息，如图 A15-4 所示。

渲染完成后，Premiere Pro 会自动播放已渲染的剪辑，此时序列上的时间轴会变成绿色，如图 A15-5 所示。

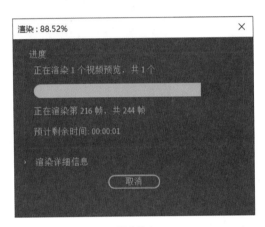

图 A15-4

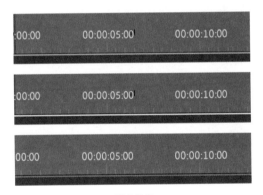

图 A15-5

【时间标尺】的下方有实时渲染状态指示条，不同的颜色代表着实时渲染的完成度。

- 绿色指示条：绿色表示已渲染部分，实时预览没有问题。
- 黄色指示条：黄色表示未渲染部分，但不需要渲染即可实时预览项目。
- 红色指示条：红色表示未渲染部分，需要渲染后才能实时预览项目。

A15.3　渲染和替换

在剪辑过程中，预览序列时可能会出现丢帧现象，这时可以使用【渲染和替换】功能。当序列中有部分剪辑难以播放时，可以把它们渲染成一个新的素材文件，新生成的渲染文件不会出现卡顿的现象。

右击要替换的剪辑，在弹出菜单中选择【渲染和替换】选项打开对话框，如图A15-6所示。

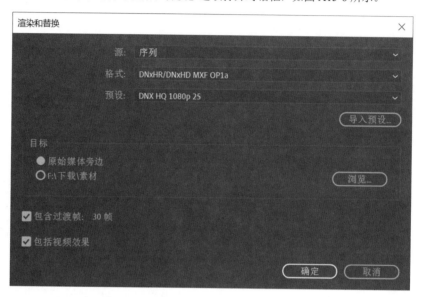

图 A15-6

在对话框中可以设置新生成的文件的格式、预设等参数，设置完成后单击【确定】按钮，即可用新生成的渲染文件替换掉原始素材文件。

A15.4　使用代理文件

Premiere Pro可以使用代理文件，代理文件解决了项目在渲染或预览文件时出现卡顿的现象，以便提高编辑时的工作效率，更好地预览项目。代理文件是一种低分辨率的副本，在编辑和预览时快速、顺畅，编辑工作完成后不影响生成影片的质量。

A15.5　了解导出选项

Premiere Pro支持导出多种类型的对象，可以采用最适合进一步编辑或最适合查看的形式从序列中导出视频。Adobe Media Encoder是一款独立的编码应用程序，可以导出可编辑的影片或音频文件。

在项目中设置好入点和出点，就可以导出项目了。执行【文件】-【导出】-【媒体】命令，快捷键为Ctrl+M，或者点击【导出】选项卡进入【导出】工作区，如果序列中存在脱机素材，会弹出如图A15-7所示的提示。

图 A15-7

在【导出设置】对话框中可以对输出的各个参数进行设置，如图 A15-8 所示。

图 A15-8

1. 导出设置

【文件名】：设置导出的文件名称。

【位置】：指定导出的位置。

预设：Premiere Pro 中预设了多种平台和设备所需的视频格式，可以很方便地选择相应的预设，在下拉菜单中选择不同的预设，图 A15-9 所示。

图 A15-9

或者在最底部选择【更多预设】按钮，打开【预设管理器】查找更多的预设，如图A15-10 示。

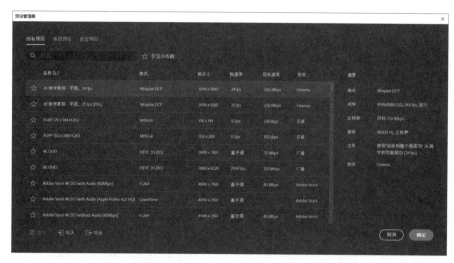

图 A15-10

格式：选择需要导出的格式，可以选择 H.264，也可以选择 AVI、MPEG4、动画 GIF 等格式，如图A15-11 所示。

图 A15-11

【视频】：调整视频大小、帧速率等视频设置。

【音频】：调整音频的比特率、音频格式等设置。

【多路复用器】：设置是否将视频和音频进行混合，与其他设备兼容。

【字幕】：调整字幕的导出设置，有无字幕、单独生成字幕文件和录制到视频中三个选项。

【效果】：在序列中添加颜色效果、文字等。

【元数据】：将有关序列的说明性数据导出。

【常规】：输出后导入项目中、使用预览视频、代理文件输出等一些其他设置。

2. 选择【源范围】

在【导出】工作区的预览窗口底部还可以对序列的【源入点/出点】进行重新编辑，如图A15-12 所示；也可以在【范围】下拉菜单中选择。

图 A15-12

如果当前输出的尺寸与源序列不匹配，可以选择缩放的方式，如图A15-13 所示。

图 A15-13

○【缩放以适合】：缩放源帧以适合输出帧，但是不会发生扭曲。

○【缩放以填充】：缩放源帧并完全填充输出帧，但是不会发生扭曲。

○【伸缩以填充】：缩放扭曲源帧并完全填充输出帧，如果源帧与输出帧大的大小不一样，画面比例会发生很大变化。

A15.6　导出单帧

可以将序列上指针当前所在的画面导出为单帧静态图片。拖曳指针至所需的帧，单击【节目监视器】中的【提取帧】 ■ 按钮，弹出【导出帧】对话框，这里命名为"导出单帧"，格式选择 JPEG，选择存储路径，如图 A15-14 所示，单击【确定】按钮。

图 A15-14

A15.7　Adobe Media Encoder 编码转码软件

Adobe Media Encoder（AME）是 Premiere Pro 自带的编码转码软件，内置大量预设，可以轻松导入 Premiere Pro 序列或 After Effects 合成，并能以队列形式进行批量输出。它可以快速地以最佳质量比压缩视频，提供更多的编码格式，建立项目输出队列，帮助用户优化工作流程。

打开 AME，可以将文件拖曳到【队列】面板中，或单击【添加源】 ■ 按钮并选择要编码的源文件，界面如图 A15-15 所示。

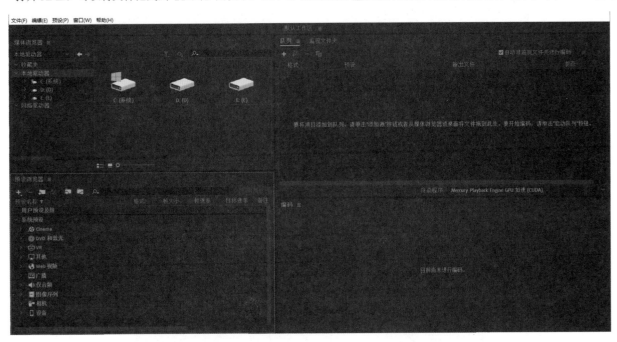

图 A15-15

⚫ 【媒体浏览器】面板：可直接浏览计算机中的文件。

⚫ 【队列 / 监视文件夹】面板：支持多个序列同时转码输出，还可以对视频、图像等进行简单拼接。

⚫ 【预设浏览器】面板：可以将不同的预设直接拖曳到队列中的文件上，修改源序列的预设，预设已经根据类型做好了分类。该面板有【新建预设】 ■ 、【新建预设组】 ■ 、【编辑预设】 ■ 、【导入预设】 ■ 、【导出预设】 ■ 等功能，也可以在搜索栏中搜索相应预设,方便用户使用。

↩【编码】面板:提供有关每个编码项目的状态的信息,显示每个编码输出的预览缩略图、进度条和完成时间估算。

1. 批量输出视频

想要批量输出视频时,选择【序列01】进行输出,在【导出设置】对话框中单击【队列】按钮打开AME,如图A15-16所示。

图 A15-16

在 Premiere Pro 中选择【序列02】进行输出,在【导出设置】对话框中单击【队列】按钮。此时,AME 中添加了【序列02】队列,如图 A15-17 所示。

图 A15-17

在【队列】面板中单击【格式】或【预设】下的蓝色文本,打开【导出设置】对话框(与 Premiere Pro 中的一致),设置格式和预设;也可以在下拉菜单中选择格式和预设;还可以单击【输出文件】下的蓝色文本,设置输出的路径及名称,如图 A15-18 所示。

图 A15-18

2. 向队列添加其他编码预设

在【队列】面板中选中队列【序列 01】，在【预设浏览器】面板中双击编码预设即可添加；或者将编码预设拖曳至【队列】面板的【序列 01 上】，如图 A15-19 所示。

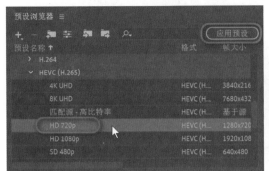

图 A15-19

3. 渲染影片

此时，AME 队列中有两个版本的输出影片。单击【队列】面板右上角的【启动队列】▶按钮，可以同时执行队列中的编码任务，并显示进度条和预计剩余时间，如图 A15-20 所示。

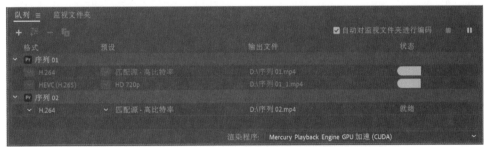

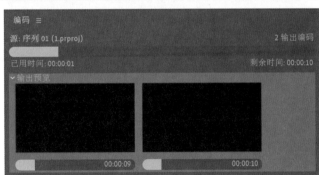

图 A15-20

A15.8 导出项目文件

Premiere Pro 中可以很方便地搜集整理整个项目。【项目管理器】会自动搜集所有序列中用到的素材并复制，存放到指定的文件路径中。

执行【文件】-【项目管理】命令，打开【项目管理器】对话框，如图 A15-21 所示。可以选中多个序列，将它们同时输出。

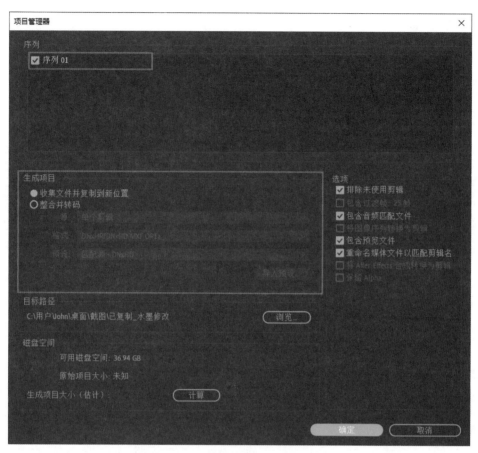

图 A15-21

- 【收集文件并复制到新的位置】：Premiere Pro 将会完整地备份整个序列用到的素材。假如序列的长度是 30 秒，Premiere Pro 将会把 30 秒中用到的所有源素材进行整理备份。
- 【整合并转码】：可以设置【源】为序列、单个剪辑、预设，设置【格式】为 Quick Time 或者其他格式，还可以对【预设】进行设置，如图 A15-22 所示。

图 A15-22

总结

　　将项目中的序列导出为视频媒体文件，就像是工程完工前的最后一个环节，真正的视频由此诞生。读者应该了解了各种类型的格式，能够控制输出视频质量，做好影视工程的最后一个环节，制作出符合相应平台要求的文件。本书 A 篇至此结束，在接下来的 B 篇中将会讲解更多进阶的知识和技巧，进行更多实际的案例训练，请再接再厉，继续加油！

B 精通篇

进阶操作 实例讲解

本篇将深入讲解 Premiere Pro 的更多知识，提升读者的技术水平与工作效率，涉及抠像合成、多机位剪辑、调音调色、使用插件等内容，可以将视频变得更加精彩。

B01课

抠像与合成

以合成思维做剪辑

B01.1　使用合成技术

1. 以合成思维拍摄素材

使用合成思维拍摄视频，后期处理素材时就能更加方便快捷，可以避免后期处理中的很多问题。

下面举一个简单的例子说明合成思维在实际中的应用。新建项目"合成图片"，导入素材"宇航员"和"太空"，将"宇航员"放至"太空"所在的轨道上方，调整素材尺寸，效果如图 B01-1 所示。

B01.1　使用合成技术
B01.2　使用蒙版
B01.3　实例练习——制作蒙版转场动画效果
B01.4　综合案例——"无限分身"循环效果
B01.5　综合案例——"任意门"效果
B01.6　混合模式
B01.7　Alpha 通道
B01.8　亮度通道
B01.9　综合案例——文字消散效果
B01.10　绿屏抠像
B01.11　实例练习——外景报道
B01.12　综合案例——多边形转场效果
B01.13　作业练习——使用超级键制作手机广告
B01.14　作业练习——vlog 封面
B01.15　作业练习——新款男装广告

图 B01-1

选中"宇航员"，添加【亮度与对比度】效果，设置【亮度】为 -30，【对比度】为 -10；接下来处理"宇航员"的锐利边缘，添加【粗糙边缘】效果使其与背景相融合，参数设置如图 B01-2 所示。

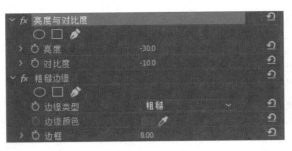

图 B01-2

2. 了解基本术语

下面介绍合成制作过程中经常遇到的一些基本术语。

◆ 抠像：是指吸取画面中的某一种颜色，使其变为透明色，把它从画面中去除。绿屏或蓝屏抠像就是典型例子，使用一个纯色的屏幕作为主要对象的背景，方便后期处理时将绿屏去掉，便于主体与其他的场景合成。

◆ 混合模式：与 Photoshop 中的混合模式一样，通过不同的方法将图层与背景的颜色混合，得到一种新的图像效果。

◆ 蒙版：用来识别图像中透明与半透明像素区域。前面已经学习过简单的图形蒙版，后面会学到图像蒙版、视频蒙版等。

B01.2 使用蒙版

在 Photoshop 中，蒙版的作用是控制一部分区域显示或者不显示，而 Photoshop 中的矢量蒙版就类似于 Premiere Pro 中的蒙版，以形状或路径来表示显示或不显示的区域。

蒙版的基本作用在于遮挡，它可以是图形、图像或视频。通过蒙版的遮挡，其视频轨道中的素材的某一部分被隐藏，另一部分被显示，以此实现不同轨道之间的混合，达到图像合成的目的。Premiere Pro 中的大多数效果控件中都有绘制图形蒙版的三个按钮：【创建椭圆形蒙版】◉、【创建 4 点多边形蒙版】▢以及【自由绘制贝塞尔曲线】🖉。

新建项目"图形蒙版"，导入素材"林间小路"和"铁路"，拖曳图片素材"铁路"至【时间轴】面板，以该图片尺寸创建序列。

选中"铁路"，打开【效果控件】面板，展开【不透明度】属性栏，可以看到绘制形状蒙版的工具，如图 B01-3 所示。

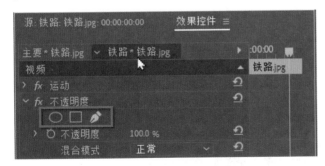

图 B01-3

单击【创建椭圆形蒙版】◉按钮，效果如图 B01-4 所示。此时可以看到【不透明度】属性栏中新增了很多参数。

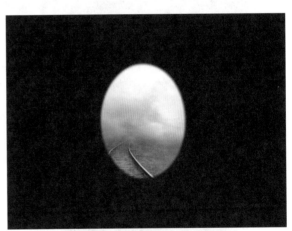

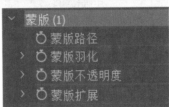

图 B01-4

1. 蒙版路径

单击【蒙版路径】秒表◉，可以为形状蒙版添加位移动画。Premiere Pro 中的蒙版可以对图像进行追踪，使图像的某一部分一直出现在所选蒙版中。下面举例进行说明。

导入素材"看手机"，单击【创建椭圆形蒙版】◉按钮，在人物脸部绘制蒙版，如图 B01-5 所示。

图 B01-5

可以看到【蒙版路径】右侧有五个按钮：【向后跟踪所选蒙版 1 个帧】◀、【向后跟踪所选蒙版】◀、【向前跟踪所选蒙版】▶、【向前跟踪所选蒙版 1 个帧】▶、【设置】🔧。

在【设置】栏中，可以选择蒙版跟踪的属性为【位置】或【位置及旋转】或【位置、缩放及旋转】，蒙版会根据所选属性，计算画面的变化。

单击【向前跟踪所选蒙版】▶按钮，弹出【正在跟踪】对话框，如图 B01-6 所示。

图 B01-6

当进度条结束，播放序列就会发现，在这一段时间中，蒙版一直跟随人脸旋转、缩放，即完成了跟踪抠像，效果如图 B01-7 所示。

图 B01-7

2. 蒙版羽化

可以使蒙版边缘虚化，增加柔化效果，使前景色与背景色更好地融合，效果如图 B01-8 所示。

图 B01-8

3. 蒙版不透明度

控制蒙版内图像的不透明度，数值越高图像越明显，数值越低图像越透明。

4. 蒙版扩展

扩展蒙版的边缘，正数为向外扩展，负数为向内扩展。

5. 复制和粘贴蒙版

◆ 在不同效果之间复制蒙版：选择效果中的蒙版，执行【编辑】-【复制】命令（Ctrl+C），在【效果控件】面板中选中要粘贴蒙版的效果，执行【编辑】-【粘贴】命令（Ctrl+V）。

◆ 在不同剪辑之间复制蒙版：选择效果中的蒙版，执行【编辑】-【复制】命令，在【时间轴】面板中选择其他剪辑，在【效果控件】面板中选中要粘贴蒙版的效果，执行【编辑】-【粘贴】命令，可以将之前绘制的蒙版粘贴到另一个剪辑的效果上。

B01.3　实例练习——制作蒙版转场动画效果

操作步骤

01 新建项目"蒙版转场动画"，导入素材"视频 1"至"视频 5"，拖曳至【时间轴】面板创建序列。在【项目】面板中双击"视频 1"，在【源监视器】中对"视频 1"进行初剪，在视频 11 秒处添加出点，如图 B01-9 所示。

02 观察"视频 1"发现在 7 秒 15 帧前后，一个穿蓝色衣服的人从镜头前走过，可以利用这个镜头制作转场动画。打开【效果控件】面板，展开【不透明度】属性栏，单击【自由绘制贝塞尔曲线】🖊按钮，设置【蒙版羽化】为 50，【蒙版扩展】选中【已反转】复选框，如图 B01-10 所示。

图 B01-9　　　　　　　　　　　　图 B01-10

03 在视频中穿蓝色衣服的人后面绘制曲线，绘制完成后单击【蒙版路径】秒表 ⊙ 创建关键帧，然后按右方向键逐帧修改【蒙版路径】，直到视频中穿蓝色衣服的人消失为止，如图 B01-11 所示。

图 B01-11

04 将指针移动至 7 秒 15 帧处，也就是图形蒙版动画的第一帧，由于遮罩，视频的遮罩以内都是透明像素，所以要将透明部分变为转场后的视频。

05 拖曳"视频 1"至 V2 轨道，使用【向前选择轨道工具】 🔃，将其余视频拖曳至 7 秒 15 帧处，如图 B01-12 所示。

图 B01-12

06 播放序列查看效果，第一个图形蒙版转场动画就制作完成了。这是一种常用的转场方法，后面可以使用类似的方法绘制蒙版，制作转场动画。

07 为"视频 2"与"视频 3"制作图形蒙版转场动画，选中"视频 3"拖曳至 V2 轨道，再向前拖曳 1 秒左右，利用"视频 2"与"视频 3"重叠的部分做转场，如图 B01-13 所示。

图 B01-13

08 选中"视频3"，使用【自由绘制贝塞尔曲线】 ✍ 绘制五角星形，在视频入点处添加关键帧并设置【蒙版扩展】为-165，如图 B01-14 所示。

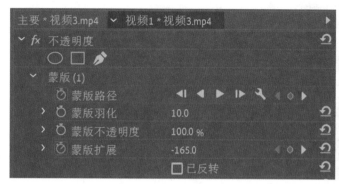

图 B01-14

09 移动指针至"视频2"出点，添加关键帧，使蒙版转动任意角度并设置【蒙版路径】和【蒙版扩展】，参数如图 B01-15 所示。

图 B01-15

10 下面用同样的方法在"视频3"与"视频4"之间制作转场动画。在序列中拖曳"视频4"，使其与"视频3"重叠1.5秒，在"视频3"最后1.5秒处添加关键帧，复制视频入点的关键帧，粘贴到视频出点，如图 B01-16 所示。播放序列，可以看到末尾处的转场动画就是开始时的动画的倒放。

图 B01-16

11 将"视频5"拖曳到 V2 轨道，与"视频4"重叠1.5秒，下面制作由多个蒙版组成的转场。使用【创建椭圆形蒙版】 ◉ 和【创建4点多边形蒙版】 ▢ 绘制五个图形蒙版，如图 B01-17 所示。

12 在视频入点分别为五个蒙版添加【蒙版扩展】的初始关键帧，设置矩形的【蒙版扩展】为-150，椭圆形的【蒙版扩展】为-250；移动指针在"视频5"的1.5秒处添加关键帧，设置矩形的【蒙版扩展】为200，椭圆形的【蒙版扩展】为300。播放序列查看转场动画，效果如图B01-18所示。

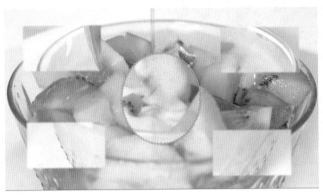
图 B01-17

图 B01-18

13 至此，蒙版转场动画就制作完成了，效果如图B01-19所示。这几个转场的制作方法分别为利用视频中的元素制作转场、利用单个蒙版制作转场、利用多个蒙版相加制作转场。绘制图形蒙版后可以对【蒙版路径】【蒙版扩展】等属性添加关键帧，完成不一样的转场效果，读者需要多加练习，才能熟练使用。

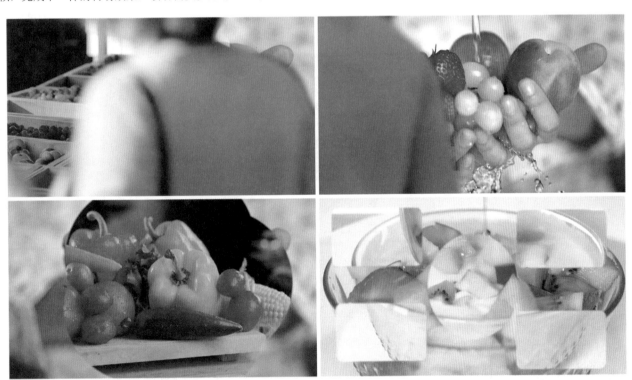
素材作者：Mario Arvizu、Joshua Janssen
图 B01-19

B01.4 综合案例——"无限分身"循环效果

本综合案例完成效果如图B01-20所示。

素材作者：Edgar Fernández

图 B01-20

操作步骤

01 新建项目"无限分身循环效果"，导入视频素材"搬自行车"并拖曳至【时间轴】面板创建序列。

02 移动指针到视频入点，单击【节目监视器】下方的【导出帧】 📷 按钮，在弹出的对话框中选中【导入到项目中】复选框，单击【确定】按钮，如图 B01-21 所示。

图 B01-21

03 将素材"搬自行车"拖曳至 V2 轨道，在【项目】面板中找到刚刚导出的单帧图片，将图片拖曳至 V1 轨道，作为背景。

04 选中"搬自行车"，打开【效果控件】面板的【不透明度】属性栏，使用【自由绘制贝塞尔曲线】 ✎ 绘制自定义蒙版，设置【蒙版羽化】为 150，然后将人物抠出。这里不用抠得非常干净，将人物周围部分抠出即可，如图 B01-22 所示。

05 根据人物运动不断添加关键帧，调整【蒙版路径】，将整个视频的人物抠出，如图 B01-23 所示。

图 B01-22

图 B01-23

06 选中"搬自行车",按住 Alt 键拖曳至 V3 轨道复制一层,并将其向右拖动至 8 秒处;重复以上步骤复制 3 层,每层间隔 8 秒,层数代表人物循环的次数,如图 B01-24 所示。这样"无限分身"循环效果就制作完成了。

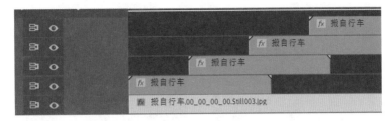

图 B01-24

B01.5 综合案例——"任意门"效果

本综合案例完成效果如图 B01-25 所示。

素材作者:Aleksey

图 B01-25

操作步骤

01 新建项目"任意门",导入视频素材"1""2""山中公路",拖曳素材"1"和"2"至【时间轴】面板创建序列,如图 B01-26 所示。

图 B01-26

02 观察序列中的剪辑"2",内容为门慢慢打开看到办公室环境,抠去剪辑"2"中办公室的部分;使用【剃刀工具】

删除剪辑"1"与"2"之间多余的部分，然后为剪辑"2"添加蒙版，使用【创建4点多边形蒙版】■沿门线绘制蒙版，将门抠出，如图B01-27所示。

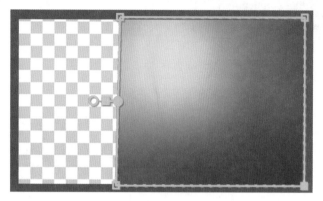

图 B01-27

03 在【蒙版路径】右侧，单击【向后跟踪所选蒙版】◀按钮，Premiere Pro会自动根据创建的蒙版跟踪运动，跟踪完成后播放序列，发现效果并不是很理想，跟踪过程中没有完全将门后的办公室抠除，如图B01-28所示。

图 B01-28

04 接下来就需要有耐心了，一帧一帧地修改路径，使蒙版能够跟上门打开的速度，并完整地抠除办公室部分，配合鼠标滚轮调整蒙版位置，如图B01-29所示。

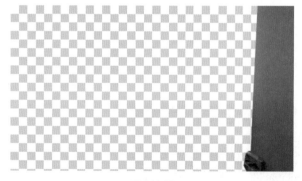

图 B01-29

05 调整完成后播放序列，发现"1"与"2"之间门打开前的镜头过渡不够自然，在视频之间添加【交叉溶解】

效果。

06 将"1"与"2"移动到V2轨道，找到门打开的起始位置，将素材"山中公路"拖曳至V1轨道，效果如图B01-30所示。

图 B01-30

07 至此，开门效果已经完成，但是能感觉到画面很不协调，这是视频素材色调不统一所造成的。下面对三个视频的颜色进行统一，单击【节目监视器】下方的【比较视图】■按钮，【节目监视器】中的画面变为两个，如图B01-31所示。

图 B01-31

08 执行【窗口】-【Lumetri颜色】命令，打开【颜色】面板，选中【色轮和匹配】复选框，拖动【节目监视器】中的滑块来定义参考图层颜色，如图B01-32所示。

图 B01-32

09 在【时间轴】面板中拖曳指针到"山中公路"剪辑，单击【应用匹配】按钮，如图 B01-33 所示。播放序列发现颜色比较协调了，如图 B01-34 所示，这样"任意门"效果就制作完成了。

图 B01-33

图 B01-34

B01.6　混合模式

混合模式用来指定前景像素与背景像素的混合方式，如图 B01-35 所示。混合模式按照算法可以分为六种类型，下面分别进行介绍。

图 B01-35

◆　正常类别：正常、溶解，如图 B01-36 所示。

正常

溶解

图 B01-36

◆　减色类别：变暗、相乘、颜色加深、线性加深、深色。这些模式往往使颜色变暗，如图 B01-37 所示。

变暗

相乘

颜色加深

线性加深

深色

图 B01-37

◆　加色类别：变亮、滤色、颜色减淡、线性减淡（添加）、浅色。这些模式往往使颜色变亮，如图 B01-38 所示。

变亮

滤色

图 B01-38

颜色减淡

线性减淡（添加）

浅色

图 B01-38（续）

◆ 复杂类别：叠加、柔光、强光、亮光、线性光、点光、强混合。这些模式会使颜色亮的更亮，暗的更暗，对源颜色和基础颜色同时修改，效果如图 B01-39 所示。

叠加

柔光

强光

亮光

图 B01-39

线性光

点光

强混合

图 B01-39（续）

◆ 差值类别：差值、排除、相减、相除。这些混合模式将根据源颜色和基础颜色的插值创建颜色，如图 B01-40 所示。

差值

排除

相减

相除

图 B01-40

◆ HSL 类别：色相、饱和度、颜色、发光度。这些混合模式会将颜色的 HSL 表示形式（色相、饱和度和发光度）中的一个或多个分量从基础颜色转换为结果颜色，如图 B01-41 所示。

色相

饱和度

颜色

发光度

图 B01-41

 扩展知识

　　用鼠标指向【混合模式】下拉列表框并滚动鼠标滚轮，可快速变换混合模式的类型。

　　关于"混合模式"的详细知识，请参阅本系列丛书之《Photoshop 中文版从入门到精通》一书的 B05 课。

B01.7　Alpha 通道

1. Alpha 通道是什么

　　Alpha 通道是一个 8 位的灰度通道，该通道用 255 级灰度来记录图像中的透明度信息，定义透明、不透明和半透明区域，其中黑色表示透明，白色表示不透明，灰色表示半透明。可以在【效果控件】面板的【不透明度】属性栏中对 Alpha 通道进行调整。工作中经常会用到含有 Alpha 通道的图片、动画等。

　　新建项目"透明背景"，导入素材"豆包表情 1"并拖曳至【时间轴】面板创建序列，在【节目监视器】中可以设置透明像素显示为透明网格，就像在 Photoshop 中导入透明背景的素材一样。单击【节目监视器】下方的【设置】 按钮，在弹出菜单中选择【透明网格】选项，前后对比效果如图 B01-42 所示。

设置前

设置后

图 B01-42

导入视频素材"豆包动画"并拖曳到序列中，它带有Alpha 通道，背景部分是透明的，可以添加其他素材。

2. Alpha 通道的解释方式

因素材不同，有时 Alpha 通道存在着不同的解释方式，Premiere Pro 可以为不同素材指定不同的 Alpha 通道解释方式。

打开项目"合成图片"，在【项目】面板中找到"宇航

员"素材，它是包含透明像素的 PNG 图片。在【项目】面板选中素材右击，在弹出菜单中选择【修改】-【解释素材】选项，打开【修改剪辑】对话框设置 Alpha 通道的解释方式，如图 B01-43 所示。

图 B01-43

Alpha 通道的预乘选项控制着半透明区域的解释方式，如果遇到图像的半透明区域出现模糊或渲染出错等现象，可以尝试选中【预乘 Alpha】复选框修正错误。

◆ 【忽略 Alpha 通道】：把所有像素的 Alpha 值设置为100%，如图 B01-44 所示。

图 B01-44

◆ 【反转 Alpha 通道】：将所有像素的 Alpha 值反转，透明像素变为不透明像素，不透明像素变为透明像素，如图 B01-45 所示。

图 B01-45

B01.8 亮度通道

亮度通道可以根据图像像素的亮度信息，有选择地将某些像素变为透明。亮度越亮，像素的不透明度越高；亮度越暗，

像素的不透明度越低。

新建项目"亮度通道"，导入图片素材"花朵"并拖曳至【时间轴】面板创建序列，选中"花朵"对其添加【亮度键】效果，前后对比效果如图 B01-46 所示。

素材作者：K.Riemerl

图 B01-46

图像中黑色背景与花朵的颜色有明显的亮度差，黑色部分被【亮度键】效果处理为透明像素，白色像素被保留，介于白色与黑色之间的灰色像素根据亮度值变为半透明状态。

B01.9　综合案例——文字消散效果

本综合案例完成效果如图 B01-47 所示。

素材作者：Marco López

图 B01-47

操作步骤

01 新建项目"文字消散效果",导入素材"背景"并拖曳至【时间轴】面板创建序列。

02 使用【文字工具】在【节目监视器】中创建文本并输入"平凡之路",在【效果控件】面板中设置【字体】为思源黑体,【字体样式】为 Bold,【字体大小】为 200,如图 B01-48 所示。

图 B01-49

图 B01-48

03 导入素材"分型杂色"并拖曳至 V3 轨道。选择文本层"平凡之路",对其添加【轨道遮罩键】效果,设置【遮罩】为【视频 3】,播放序列可以看到文字慢慢消失,如图 B01-49 所示。

04 导入素材"粒子"并拖曳至 V4 轨道,播放序列,调整前后位置,在文字开始消失的同时使粒子出现,如图 B01-50 所示。

图 B01-50

05 发现文字消失后粒子还在出现,使用【比率拉伸工具】调整"粒子"的播放速度,直到与文字动作匹配,这样一个文字消散的效果就制作完成了。

B01.10　绿屏抠像

既然可以控制 Alpha 通道,那么就可以有选择性地改变颜色的透明度,实现抠像的目的。在影视制作中,经常使用绿屏抠像,利用绿屏使背景的颜色、对比度明显,在 Premiere Pro 软件中将扣出的素材应用到另一个素材上。

新建项目"绿屏抠像",导入素材"商业交谈"(见图 B01-51),将其拖曳至【时间轴】面板创建序列。

素材作者:FrameStock

图 B01-51

选中"商业交谈"并拖曳至 V2 轨道，以方便后期在 V1 轨道中导入其他素材。在【效果】面板中展开【视频效果】-【键控】文件夹，可以看到多种抠像效果。这里选择【超级键】效果，将其拖曳到"商业交谈"上，打开【效果控件】面板可以看到该效果的各种参数，如图 B01-52 所示。

图 B01-52

【超级键】效果可以将指定的颜色变成透明，直接使用【吸管工具】吸取画面中想要去除的颜色，就可以完成抠像。使用【吸管工具】吸取画面中的绿色背景，效果如图 B01-53 所示。

图 B01-53

抠像后绿色背景变成了透明背景，在【效果控件】面板中设置【超级键】效果的【输出】为【Alpha 通道】，可以发现图像轮廓有毛边，如图 B01-54 所示，证明抠像效果不是很完美，需要调整参数设置。

图 B01-54

展开【设置】下拉菜单，选择【强效】选项，如图 B01-55 所示。

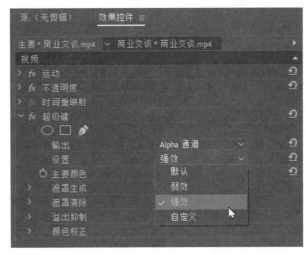

图 B01-55

Premiere Pro 会自动调整相关参数设置，观察图像可以看到毛边问题有明显改善，效果如图 B01-56 所示。

图 B01-56

将【输出】调整为【合成】，导入素材"背景"并拖曳至 V1 轨道；在【效果控件】面板中调整"商业交谈"的【位置】和【大小】参数。

完成绿屏抠像，播放序列查看效果，如图 B01-57 所示。

图 B01-57

B01.11   实例练习——外景报道

操作步骤

01 新建项目"外景报道",新建序列,选择预设【AVCHD 1080p30】;在【项目】面板中导入视频素材"主持人"和"外景",拖曳到【时间轴】面板的相应视频轨道中,如图 B01-58 所示。

02 选中"主持人"并对其添加【超级键】效果,打开【效果控件】面板,用【吸管工具】 吸取画面的绿色背景;在【遮罩清除】属性栏中调整【柔化】参数,调整"主持人"的【位置】和【缩放】参数,效果如图 B01-59 所示。

图 B01-58　　　　　　　　　　　　　　　　　　图 B01-59

03 调整"外景"和"主持人"中人物的画面比例,选中"外景",调整【位置】和【缩放】参数。观察画面发现色彩饱和度较高,下面调整画面颜色。选中"主持人",将工作区切换为【颜色】,展开【基本矫正】-【色调】属性栏,设置【对比度】为 -20.7,【高光】为 -8.1,【白色】为 -7,【饱和度】为 80,如图 B01-60 所示。

图 B01-60

04 选中"外景",调低画面的【对比度】和【饱和度】的值,使两段素材色调相近。这样一段外景报道视频就制作完成了,前后对比效果如图 B01-61 所示。

素材作者：Mario Arvizu、Dan Dubassy

图 B01-61

B01.12 综合案例——多边形转场效果

本综合案例完成效果如图 B01-62 所示。

素材作者：Ruben Velasco

图 B01-62

操作步骤

01 新建项目"多边形转场效果"，新建序列，选择预设【AVCHD 1080p30】；在【项目】面板中右击，在弹出菜单中选择【新建项目】-【颜色遮罩】选项，参数不变，如图 B01-63 所示；颜色设置为黑色，拖曳"颜色遮罩"到 V1 轨道。

图 B01-63

☑ 在序列中选中"颜色遮罩"为其添加蒙版,使用【创建 4 点多边形蒙版】▢绘制矩形蒙版,创建后调整蒙版路径及旋转角度,如图 B01-64 所示。右击选择【速度/持续时间】选项,设置【持续时间】为 1 秒,如图 B01-65 所示。

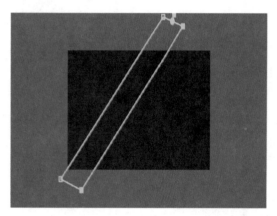

图 B01-64

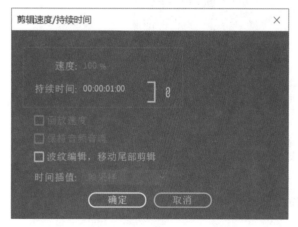

图 B01-65

☑ 移动指针到剪辑的入点,单击【蒙版路径】秒表▢创建关键帧,在【节目监视器】下方设置【选择缩放级别】为 25%,将蒙版移动至右下角移出画面,自动添加第一个路径关键帧,如图 B01-66 所示。

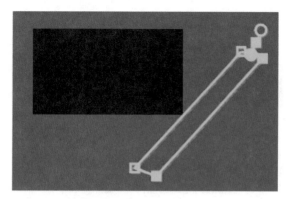

图 B01-66

☑ 按下方向键将指针移动至剪辑的出点,将蒙版移动至左上角移出画面,自动添加第二个关键帧,如图 B01-67 所示。

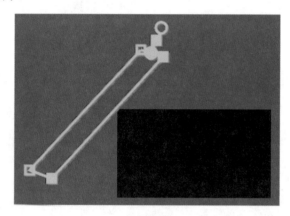

图 B01-67

☑ 在序列中选中"颜色遮罩",按住 Alt 键将其拖曳至 V2 轨道,复制一层,重命名为"颜色遮罩 2",再将"颜色遮罩 2"向后拖曳几帧,使制作的【蒙版路径】效果错位显现,如图 B01-68 所示。

图 B01-68

☑ 框选序列中的剪辑,右击选择【嵌套】选项,命名为"多边形遮罩",如图 B01-69 所示。

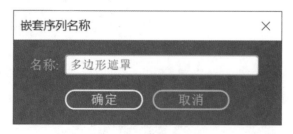

图 B01-69

07 导入视频素材"跳舞"和"光效",将"多边形遮罩"拖曳至 V3 轨道,将"光效"拖曳至 V2 轨道,将"跳舞"拖曳至 V1 轨道,如图 B01-70 所示。

图 B01-70

08 选中"光效",对其添加【轨道遮罩键】效果,设置【遮罩】为【视频3】,如图 B01-71 所示。

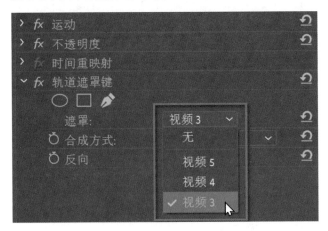

图 B01-71

09 选中"多边形遮罩",按住 Alt 键将其拖曳至 V5 轨道,复制一层,重命名为"多边形遮罩 2";选中"光效",按住 Alt 键将其拖曳至 V4 轨道,复制一层,重命名为"光效 2",如图 B01-72 所示。

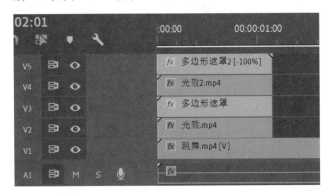

图 B01-72

10 选中"多边形遮罩 2",右击选择【速度/持续时间】选项,选中【倒放速度】复选框,如图 B01-73 所示。

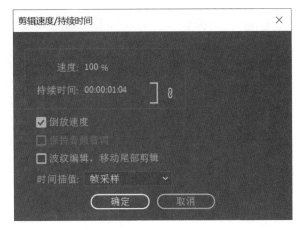

图 B01-73

11 选中"光效 2",添加【轨道遮罩键】效果,设置【遮罩】为【视频5】,如图 B01-74 所示。

图 B01-74

12 将做好的效果拖曳至需要转场的位置,如图 B01-75 所示。这样多边形转场效果就制作完成了,如图 B01-76 所示。

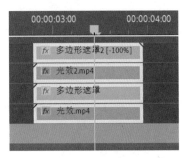

图 B01-75

图 B01-76

图 B01-76（续）

B01.13 作业练习——使用超级键制作手机广告

本作业源素材和完成效果参考如图 B01-77 所示。

素材作者：cottonbro、Vreel

源素材

完成效果参考

图 B01-77

作业思路

首先将手机素材绿屏处抠除，将海边素材放至合适位置，添加文字与效果。

B01.14 作业练习——vlog 封面

本作业源素材和完成效果参考如图 B01-78 所示。

素材作者：Mario Arvizu、Monstera

源素材

完成效果参考

图 B01-78

作业思路

在素材上绘制蒙版，将人物抠出，添加【径向阴影】效果对人物进行描边，然后创建画面所需元素和文字。

B01.15 作业练习——新款男装广告

本作业源素材和完成效果参考如图 B01-79 所示。

素材作者：Pixabay

源素材

图 B01-79

完成效果参考

图 B01-79（续）

作业思路

首先对素材进行人物抠像，然后创建所需文字，最后对元素添加动画效果。

📖 **读书笔记**

剪辑师的高级修炼

进阶剪辑技术

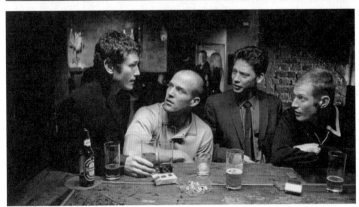

B02.1　更改剪辑速度

B02.2　实例练习——光流法的使用

B02.3　综合案例——坡度变速效果

B02.4　执行高级修剪

B02.5　替换剪辑和素材

B02.6　嵌套序列

B02.7　综合案例——分屏嵌套效果

B02.8　画中画效果

B02.9　在节目监视器中修剪

B02.10　多机位剪辑

B02.11　动态链接

B02.12　Premiere Pro 实用小技巧

B02.13　综合案例——倒放效果

B02.14　作业练习——超越短视频
　　　　剪辑

剪辑有很多的技巧和手法，例如匹配剪辑、动作顺接剪辑、离切剪辑、交叉剪辑、跳切剪辑、隐藏剪辑等，创作者通过这些手法推进故事情节发展，丰富镜头语言，可以带动观众的情绪，使观众产生共鸣。

Premiere Pro 中提供了丰富的剪辑工具，可以使剪辑工作更加高效，画面效果更加多样化。

B02.1　更改剪辑速度

1. 更改速度和持续时间

新建项目"高级剪辑技术"，导入素材"女孩在公园中跑步"，以素材为尺寸创建序列，如图 B02-1 所示。

素材作者：Yana

图 B02-1

在序列中右击"女孩在公园中跑步"，在弹出菜单中选择【速度/持续时间】选项，打开对话框，如图 B02-2 所示。

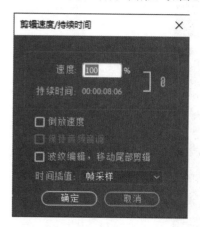

图 B02-2

【速度】当前为 100%，表示视频速度为原始速度，大于 100% 表示加速，小于 100% 表示减速。更改【速度】的值，可以观察到【持续时间】随之改变，直接修改【持续时间】也可以改变速度。

◆ 【倒放速度】：将视频变为倒放，查看序列中的剪辑，会发现末尾出现 -100%。

◆ 【保持音频音调】：更改播放速度的同时，保证音频的音调不会改变。

◆ 【波纹编辑，移动尾部剪辑】：改变速度时，视频的时长会随之变化，选中此复选框，可以使后面的剪辑与该剪辑的间距不会改变，相当于波纹编辑工具。

◆ 【时间插值】：包括【帧采样】【帧混合】【光流法】三种。

　● 【帧采样】：在更改播放速度时，软件根据时间的变化复制相同关键帧或删除中间关键帧，改变时长。

　● 【帧混合】：软件根据剪辑的时长计算每一帧的不透

明度，增加帧或减少帧的同时在两帧之间有不透明度的变化，可以对运动中的物体产生类似于运动模糊的效果。

○【光流法】：该方法比较复杂，软件根据每一帧的变化进行分析，在像素的变化的过程中产生中间值，生成新的帧，使画面看起来更加流畅。

2. 比率拉伸工具

长按【波纹编辑工具】 ⟷ ，选择【比率拉伸工具】 ⟷ （快捷键为 R），在剪辑的编辑点处左右拖动可以很直观地修改剪辑速度，如图 B02-3 所示。

图 B02-3

3. 时间重映射

【时间重映射】可以实现视频逐渐变速的过程，速度变化有一个可以控制的过渡时间，如图 B02-4 所示。

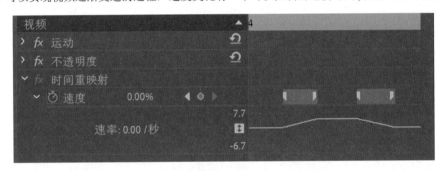

图 B02-4

B02.2　实例练习——光流法的使用

操作步骤

01 新建项目"光流法的使用"，导入素材"瀑布"并拖曳至【时间轴】面板创建序列。

02 为了对比效果，这里使用【剃刀工具】 ◇ 将"瀑布"切割为三份放在序列中，并将它们分别重命名为"帧采样""帧混合""光流法"，如图 B02-5 所示。

图 B02-5

03 选中"帧采样"，右击选择【速度/持续时间】选项，设置【速度】为 30%，选中【波纹编辑，移动尾部剪辑】复选框，设置【时间插值】为【帧采样】；执行相同操作，将其余两个片段设置为【帧混合】【光流法】。执行【序列】-【渲染入点到出点】命令渲染序列，播放序列查看效果。

04 通过观察可以发现，播放"帧采样"时画面非常卡顿，水流每3、4帧才会有变化；播放"帧混合"时没有出现很明显的跳帧现象，但是画面中出现了很多模糊的重复像素，如图B02-6所示。

05 播放"光流法"发现画面非常自然、流畅，没有出现卡顿现象，也没有出现模糊的重复像素，如图B02-7所示。

图 B02-6   图 B02-7

06 至此，使用光流法剪辑的视频制作完成，如图B02-8所示。

素材作者：Ruben Velasco

图 B02-8

B02.3　综合案例——坡度变速效果

本综合案例完成效果如图B02-9所示。

素材作者：Francisco Fonseca

图 B02-9

操作步骤

[01] 新建项目"坡度变速效果"，导入素材"穿越森林"并拖曳至【时间轴】面板创建序列。

[02] 将鼠标移动到 V1 轨道上，滚动鼠标滚轮放大当前轨道。右击视频名称前面的 fx 图标，选择【时间重映射】-【速度】选项，如图 B02-10 所示。

[03] 此时视频预览图消失，在序列上会出现一条横线，按住 Ctrl 键的同时在横线上单击可以添加速度关键帧，如图 B02-11 所示。

图 B02-10

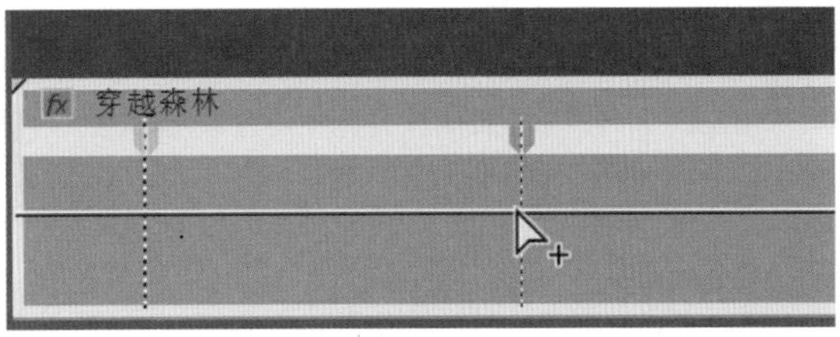

图 B02-11

[04] 在两个速度关键帧之间的横线处向上拖曳，拖动【时间轴】面板的滚动条放大显示比例，直到数值显示为 1300%，如图 B02-12 所示。

[05] 选择第一个速度关键帧向右移动添加过渡，选择第二个速度关键帧向左移动添加过渡，如图 B02-13 所示，播放序列查看效果，可以发现速度改变明显不同。

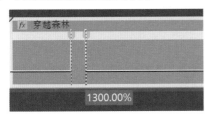

图 B02-12

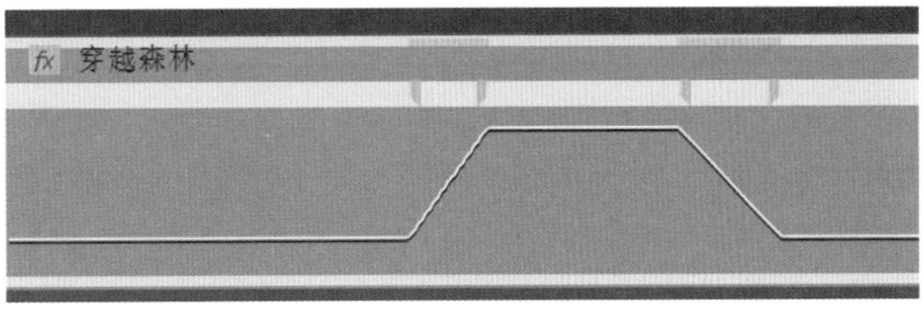

图 B02-13

[06] 重复以上步骤，再次添加两个速度关键帧，并控制过渡的持续时间，如图 B02-14 所示，这样一个坡度变速效果就制作完成了。

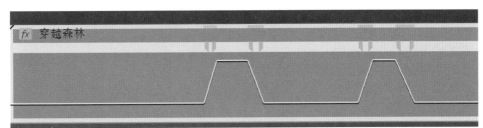

图 B02-14

B02.4 执行高级修剪

1. 外滑工具

【外滑工具】可以控制剪辑的入点与出点同步改变,剪辑的持续时间不变,剪辑两侧的其他剪辑不受影响,且序列中不会产生间隙。

导入素材"女孩2",双击素材在【源监视器】中打开,设置入点与出点,如图B02-15所示。

将"女孩2"拖曳到序列中,放在"女孩在公园中跑步"后面,使用【外滑工具】向右拖动"女孩2",没有观察到序列发生变化,如图B02-16所示。将指针移动到"女孩2"的入点,可以看到剪辑的入点已经发生变化。

图 B02-15

图 B02-16

2. 内滑工具

【内滑工具】可以在保持所选剪辑持续时间不变的情况下,改变相邻剪辑的持续时间,且序列中不会产生间隙。

新建序列"内滑工具",将"女孩在公园中跑步"拖曳至序列中,导入素材"女孩2",按住Ctrl键的同时将其拖曳到"女孩在公园中跑步"素材上,如图B02-17所示。

使用【内滑工具】工具向右拖动"女孩2",可以看到素材的持续时间没有变化,相邻两侧素材的持续时间随鼠标的拖动而变化,如图B02-18所示。

图 B02-17

图 B02-18

> **SPECIAL 扩展知识**
>
> 在使用编辑工具时,一定要注意源素材的长度,如果拖曳编辑点却拖不动,是因为遇到了源素材的入点或出点,素材的入点与出点之外没有可供编辑的内容,所以会拖不动编辑点。

B02.5 替换剪辑和素材

导入素材"城市剪影",在序列中替换掉原来的"女孩2"素材,如图B02-19所示。

图 B02-19

1. 从源监视器替换

在【项目】面板中双击"城市剪影",在【源监视器】中打开,选择序列中的"女孩2",右击选择【使用剪辑替换】-【从源监视器】选项,替换后不会改变素材的持续时间,如图B02-20所示。

图 B02-20

2. 执行同步替换编辑

替换素材还可以实现同步操作，假如视频没有达到预期效果，要用重新拍摄的素材替换旧的剪辑，使用这种方法就非常方便。

新建序列"同步替换"，将素材"女孩在公园中跑步"拖曳至序列中。

为了突出同步效果，分析素材，在素材"女孩在公园中跑步"与"城市剪影"中都有人物与太阳靠近的镜头，以此镜头为同步点，如图 B02-21 所示。

图 B02-21

在【项目】面板中双击"城市剪影"，在【源监视器】中打开，将指针移动到 16 秒 20 帧处找到镜头画面。再将序列中的指针移动到 5 秒 5 帧处找到镜头画面，此时【源监视器】与【节目监视器】都显示要同步的画面，如图 B02-22 所示。

图 B02-22

准备工作已经完成，选择序列中的"女孩在公园中跑步"，右击选择【使用剪辑替换】-【从源监视器，匹配帧】选项，同步替换完成。

3. 从素材箱替换

将素材"女孩2""城市剪影"拖曳至序列上，如图 B02-23 所示。

导入素材"阳光透过树叶"，选择序列中的"女孩2"，右击选择【使用剪辑替换】-【从素材箱】选项，同步完成，如图 B02-24 所示。

图 B02-23　　　　　　　　　　　　　　图 B02-24

4. 鼠标拖曳替换

在【项目】面板中选中"城市剪影"，按住 Alt 键的同时拖曳"城市剪影"到"女孩 2"上，可以看到黑色的边框，如图 B02-25 所示，松开鼠标即可完成替换。

图 B02-25

> **扩展知识**
>
> 执行替换功能后，对原剪辑制作的动画、设置的效果等都会应用到新的素材上。

5. 使用素材替换功能

有时候项目中一个素材使用了很多次，想要替换素材，在项目中挨个替换会占用很长时间，也可能会有遗漏，使用素材替换功能就可以很快地解决问题。

新建序列"替换全部素材"，将素材拖曳至序列上，如图 B02-26 所示。

图 B02-26

在【项目】面板中选中"阳光透过树叶"，右击选择【替换素材】选项，在弹出的对话框中选择素材"冥想"，观察序列中的剪辑，素材已经全部完成替换，如图 B02-27 所示。

图 B02-27

B02.6　嵌套序列

1. 什么是嵌套序列

当编辑的项目非常复杂时，用到的素材会非常多，序列上不同的轨道中存满大大小小的剪辑，显得非常杂乱。就像计算机中的文件夹一样，Premiere Pro 也可以对项目中的文件进行整合，这就是序列嵌套。

2. 嵌套序列的作用

◆ 可以对项目中的素材进行整理、分类，以简化序列上的素材。

◆ 便于在序列上整体应用效果或者修改参数。

◆ 可以将一组编辑好的素材重复使用，例如一组视频、音频、图形等，后期可以一次性地调整替换。

3. 使用嵌套序列

（1）嵌套序列。

新建项目"嵌套序列"，新建序列"晨跑"，导入素材"阳光穿过树叶""女孩在公园中跑步""女孩 2"和"城市剪影"，分别拖曳至轨道中，如图 B02-28 所示。

图 B02-28

下面将时间轴上前半部分的剪辑做成嵌套序列，选中"阳光穿过树叶""女孩在公园中跑步""女孩 2"三个素材，右击选择【嵌套】选项，将嵌套序列命名为"晨跑 - 上"，单击确定，此时序列上的三个剪辑已经合并为一个剪辑，如图 B02-29 所示。

图 B02-29

如果想要修改嵌套序列中的内容，双击"晨跑 - 上"即可对其中的剪辑进行编辑。

（2）子序列。

双击"晨跑 - 上"，选中"女孩在公园中跑步""女孩 2"，右击选择【制作子序列】选项，【项目】面板中会生成一个新的序列"晨跑 - 上 _Sub_01"，将其重命名为"晨跑 - 上（子序列）"，如图 B02-30 所示。

图 B02-30

双击该序列，在【时间轴】面板上该序列只显示这两个剪辑，虽然在"晨跑 - 上"序列中三个素材的排列方式没有任何变化，但是"晨跑 - 上（子序列）"能将所需素材单独显示出来，独立进行编辑。

B02.7　综合案例——分屏嵌套效果

本综合案例完成效果如图 B02-31 所示。

素材作者：Francisco Fonseca、Edgar Fernández

图 B02-31

操作步骤

01 新建项目"分屏嵌套效果"，新建序列，选择预设【AVCHD 1080p30】。

02 在【项目】窗口中导入视频素材"城市夜景"，将其拖曳至【时间轴】面板的相应视频轨道中；在【项目】面板的空白处右击，选择【新建项目】-【调整图层】选项，单击【确定】按钮，将其拖曳到 V2 轨道中，如图 B02-32 所示。

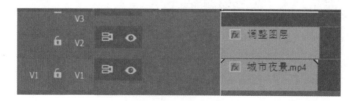

图 B02-32

03 在序列中选中"调整图层"，右击选择【嵌套】选项，将嵌套序列命名为"书写效果遮罩"，添加【书写】效果。

04 在【效果控件】面板中，将【书写】-【画笔大小】的参数调整为 50，可以清晰地观察到画笔的位置。

05 通过设置【画笔位置】关键帧制作效果，每隔两帧移动一次画笔，这样擦拭效果就制作完成了，如图 B02-33 所示。

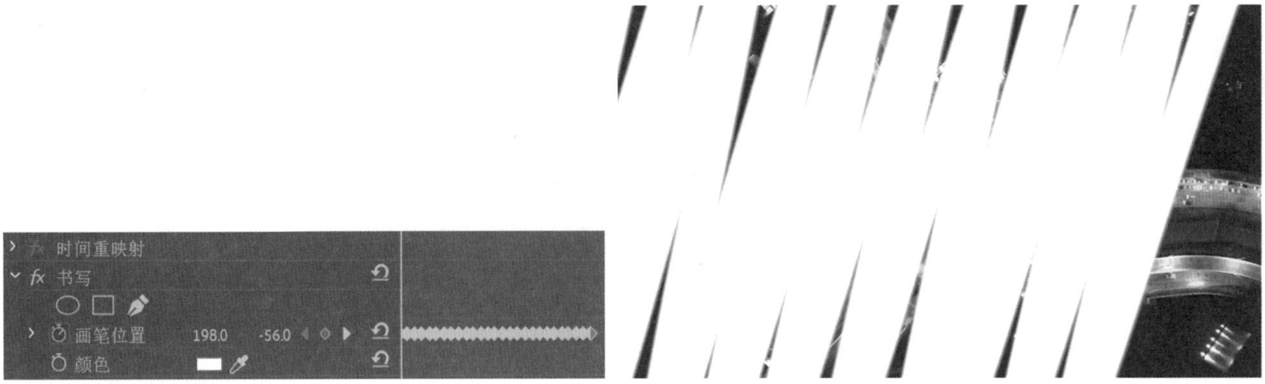

图 B02-33

06 选中"城市夜景"，对其添加【轨道遮罩键】效果，设置【遮罩】为【视频 2】，如图 B02-34 所示。

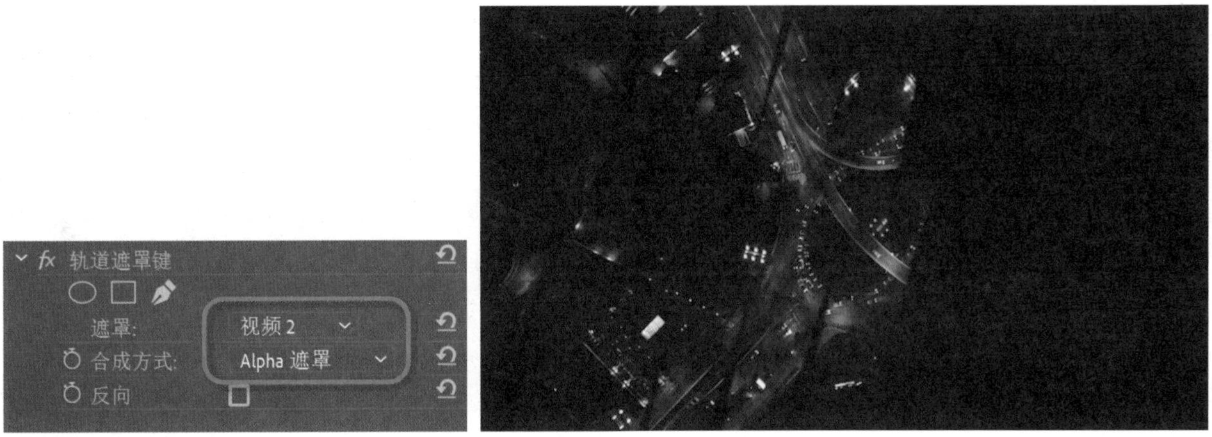

图 B02-34

07 观察到"城市夜景"的显示效果有些暗，打开【Lumetri 颜色】面板，在【基本矫正】-【色调】中设置【曝光】为 3.7，【对比度】为 −25，【高光】为 1.1，【阴影】为 1.1，【饱和度】为 126.4，如图 B02-35 所示。

08 选中"城市夜景"，按 R 键使用【比率拉伸工具】，将指针移动至 3 秒处，右击选择【显示剪辑关键帧】-【时间重映射】-【速度】选项，如图 B02-36 所示。

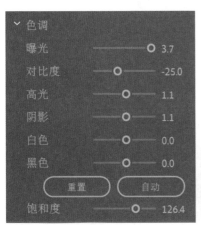

图 B02-35

图 B02-36

09 将指针移动至 2 秒处，添加速度关键帧并将速度曲线向下拖曳至 20%，如图 B02-37 所示。

图 B02-37

10 查看节目预览效果，将指针移动至 3 秒 10 帧处，将"书写效果遮罩"拖曳至 V5 轨道并关闭 V5 轨道的可视化；将视频素材"桥下""桥延时片段"和"竖屏打篮球"拖曳到相应视频轨道中，如图 B02-38 所示。

11 在【效果控件】面板中调整"桥下""桥延时片段"和"竖屏打篮球"的【位置】和【缩放】参数，效果如图 B02-39 所示。

图 B02-38

图 B02-39

12 给片段增加入画效果，使画面更富动感。两边的素材向下入画，中间的素材向上入画，再制作缓入、缓出的效果。

13 下面继续丰富画面效果。这里给"桥下"增加一个运动模糊的效果，对其添加【高斯模糊】效果，在【效果控件】面板中设置【模糊尺寸】为【垂直】，调整【模糊度】并添加关键帧，调节效果，如图 B02-40 所示。

图 B02-40

14 调整素材入画时间。当"桥延时片段"下落时，选中"城市夜景"，添加【黑场过渡】过渡效果，如图 B02-41 所示。

B

精通篇

进阶操作 实例讲解

图 B02-41

⑮ 观察到"竖屏打篮球"视频素材不够突出，选中"竖屏打篮球"，在【效果控件】面板中调整【曝光】参数。

⑯ 拖曳"书写效果遮罩"至 V6 轨道，打开 V5 轨道的可视化，关闭 V6 轨道的可视化；按住 Alt 键将"竖屏打篮球"向上拖曳至 V5 轨道，复制一层，将其重命名为"竖屏打篮球 2"，如图 B02-42 所示。

⑰ 选中"竖屏打篮球 2"，按 B 键使用【波纹编辑工具】，拖动编辑点，选取一段同步视频，制作放大至全屏效果，如图 B02-43 所示。

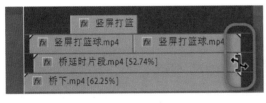

图 B02-42

图 B02-43

⑱ 观察到"竖屏打篮球"中有两段视频，将第二段视频裁剪出来，拖曳至"竖屏打篮球 2"的出点。

⑲ 按 R 键使用【比率拉伸工具】，拖动"桥下"和"桥延时片段"的编辑点至"竖屏打篮球"的出点，如图 B02-44 所示。

⑳ 选择制作好的三个分屏片段，右击选择【嵌套】选项，将嵌套序列重命名为"三分屏"。

㉑ 导入视频素材"篮球对抗"，将其拖曳至 V1 轨道，与"三分屏"出点对齐。

㉒ 选中"篮球对抗"，按住 Alt 键向上拖曳至 V2 和 V3 轨道，复制两层，分别重命名为"篮球对抗中""篮球对抗右"和"篮球对抗左"，如图 B02-45 所示。

图 B02-44

图 B02-45

㉓ 选中"篮球对抗中"，对其添加【裁剪】效果，在【效果控件】调整【裁剪】参数（裁剪时关闭其他两个轨道的可视化），如图 B02-46 所示。

189

图 B02-46

24 用相同的方法编辑 "篮球对抗右" 和 "篮球对抗左"，效果如图 B02-47 所示。

25 丰富视频动态效果，对 "篮球对抗中" 制作放大至全屏效果。

26 观察素材中的人物，两人交锋时，调整【裁剪】和【位置】参数，使画面效果如图 B02-48 所示。

图 B02-47

图 B02-48

27 导入视频素材 "运球特写"，将其拖曳至 V3 轨道，并裁剪至和 "篮球对抗中" 出点一样的画幅；对 "运球特写" 添加【交叉溶解】过渡效果，适当调整过渡时长，如图 B02-49 所示。

28 选中 "裁剪" 部分，右击选择【嵌套】选项，将嵌套序列命名为 "裁剪视频"。

29 调整 "三分屏" 和 "裁剪视频" 切换处，观察衔接效果。

30 框选所有视频剪辑，右击选择【嵌套】选项，将嵌套序列命名为 "视频素材"，将 "书写效果遮罩" 拖曳至 V2 轨道，如图 B02-50 所示。

图 B02-49

图 B02-50

31 选中"视频素材"，对其添加【轨道遮罩键】效果，设置【遮罩】为【视频2】。

32 这样分屏嵌套效果就制作完成了，播放序列查看效果，如图 B02-51 所示。

图 B02-51

B02.8 画中画效果

在电视节目中经常能看到这样的情景，主持人介绍一段内容时，相应的内容就出现在了屏幕中，这种动态画面中有小的动态画面的效果，就是画中画效果。

新建项目"画中画效果"，导入视频素材"视频通话""帽子女孩"，拖曳"视频通话"至【时间轴】面板创建序列。

在 2 秒处插入视频"帽子女孩"，调整剪辑的【位置】和【缩放】参数，效果如图 B02-52 所示。

素材作者：Edgar Fernández、Dan Dubassy

图 B02-52

为"帽子女孩"添加【缩放】动画，在 2 秒 15 帧处添加【缩放】关键帧，在 2 秒处再次添加关键帧并设置【缩放】为 0，这样一个简单的画中画效果就制作完成了。

B02.9　在节目监视器中修剪

1. 在节目监视器中使用修剪模式

将两个剪辑粗略拼接后，常常需要检查两段剪辑的衔接是否合适，再精确调整两段剪辑之间的编辑点，在【节目监视器】中使用修剪模式可以很快解决问题。

双击序列中的任意编辑点▮,【节目监视器】会进入修剪模式，如图 B02-53 所示；也可以选中编辑点，按 Shift+T 快捷键，【节目监视器】进入修剪模式，指针自动移至所选编辑点。

图 B02-53

2. 在节目监视器中选择修剪方法

【节目监视器】进入修剪模式后，可以选择不同的修剪方法调整编辑点。

◆　▮【出点变换】：显示出点处修剪的帧数。
◆　▮【大幅向后修剪】：一次向后修剪 5 帧。
◆　▮【向后修剪】：一次向后修剪 1 帧。
◆　▮【应用默认过渡到选择项】：在两图像之间添加默认过渡。
◆　▮【向前剪辑】：一次向前修剪 1 帧。
◆　▮【大幅向前修剪】：一次向前修剪 5 帧。
◆　▮【入点变换】：显示入点处修剪的帧数。
　　将光标放在【节目监视器】中的不同位置，光标会显示不同的修剪方式。
◆　光标放在左侧图像中，显示【修剪出点】▮。
◆　光标放在右侧图像中，显示【修剪入点】▮。
◆　光标放在两图像中间，显示【滚动编辑工具】图标▮。
◆　执行滚动编辑后再次移动光标，变为【波纹编辑工具】图标▮、▮。

B02.10 多机位剪辑

对于影视作品而言，一个机位往往满足不了叙事的需要。通过多个不同角度的镜头更容易交代环境、表现情节，为影片带来更多的信息。多机位摄像就会带来多条素材的同步剪辑工作。

多机位剪辑的一般流程为对齐素材→嵌套序列→激活多机位→开启多机位窗口→实时剪辑→调整修改。

新建项目"多机位剪辑"，导入视频素材创建序列，如图 B02-54 所示。

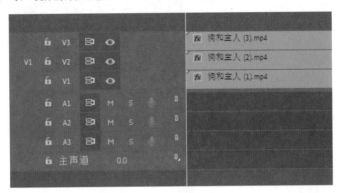

素材作者：Marco López

图 B02-54

选中序列中的三个视频，右击选择【嵌套】选项，将嵌套序列命名为"嵌套序列 01"。

选中"嵌套序列 01"，右击选择【多机位】-【启用】选项，序列名称前面会出现"MC1"字样，说明其多机位功能被激活。双击"嵌套序列 01"，【源监视器】会切换到多机位视图，可以在其中预览源素材内容，对源素材进行简单的编辑，如图 B02-55 所示。

图 B02-55

多机位剪辑主要通过【节目监视器】进行操作，在【节目监视器】右下角单击【按钮编辑器】，将【多机位录制开关】和【切换多机位视图】按钮拖曳到面板下方，单击【确定】按钮，如图 B02-56 所示。

图 B02-56

单击【切换多机位视图】▦按钮，【节目监视器】左侧是多机位窗口，右侧是最终效果的预览，如图 B02-57 所示。

图 B02-57

移动指针至入点并单击【多机位录制开关】▦，单击【播放】▶按钮，开始播放视频，可以看到每个机位的视频都在播放，在第 2 秒时单击【节目监视器】中的第二个视频或者按 2 键（表示切换为 V2 轨道），第 7 秒时按 3 键，再次单击【播放】▶按钮停止录制。这时发现嵌套序列已经被切割成三个片段，查看效果，视频就以刚才指定的顺序播放，如图 B02-58 所示。

如果需要替换机位素材，单击【时间轴】面板上的剪辑，右击选择【多机位】选项，再选择要修改的机位即可，如图 B02-59 所示。

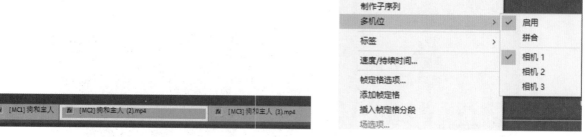

图 B02-58

图 B02-59

如果想要替换为新的素材，在【项目】面板中选择新素材，在序列中选择剪辑，右击选择【使用剪辑替换】-【从素材箱】选项即可，但是新替换的素材会变成普通素材；右击选择【多机位】-【拼合】选项也可以将多机位剪辑转换为普通剪辑。

按住 Ctrl 键的同时双击多机位剪辑将打开嵌套序列，可以重新编辑嵌套中的剪辑。多机位剪辑的前提是需要有一个机位处于全程录制状态下，Premiere Pro 会自动分析并进行同步。

另一种剪辑多机位素材的方法就是创建多机位源序列。

选择【项目】面板的全部多机位素材，然后右击选择【创建多机位源序列】选项，弹出的对话框如图 B02-60 所示。

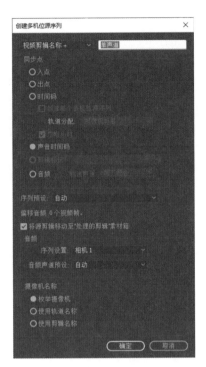

图 B02-60

首先需要对多机位源序列的名称进行命名，在下拉菜单中可以选择三种命名方式，

创建多机位源序列时需要将素材进行同步，在对话框中可以选择多种同步的方式。

◆ 【入点】：以多机位素材入点为同步点。

◆ 【出点】：以多机位素材出点为同步点。

◆ 【时间码】：以拍摄时设置的同步时间码作为同步点。

◆ 【声音时间码】：以多机位素材的声音时间码作为同步点。

◆ 【剪辑标记】：以多机位素材上的标记点作为同步点。

◆ 【音频】：以多机位素材的音频波形进行匹配同步。

【序列预设】默认为【自动】，也可以选择多种序列预设，创建序列时，软件将自动创建"处理的剪辑"素材箱，如果不想新建素材箱可以取消选中【将源剪辑移动至"处理的剪辑"素材箱】复选框。

关于音频的【序列设置】可以选择【相机1】【所有相机】【切换音频】，当选择【切换音频】时，音频会根据机位的切换而变化成对应的音频，这是摄像机实际所在位置的音频效果。

这就是创建多机位源序列，创建后开始剪辑，切换不同的机位，最终完成多机位剪辑工作。

B02.11 动态链接

Premiere Pro 可以实现与 Adobe 出品的其他软件互相合作、同时编辑，可以快速地与 After Effects、Audition 实时链接，不需要在 After Effects、Audition 中渲染导出然后再导入 Premiere Pro，减少了操作步骤，大大提升了工作效率。

在序列中选择剪辑并右击，选择【使用 After Effects 合成替换】选项，会自动打开 After Effects 并弹出【另存为】对话框，输入名称并选择路径，单击【保存】按钮，如图 B02-61 所示。

图 B02-61

After Effects 将自动根据 Premiere Pro 中选择的剪辑创建合成，如图 B02-62 所示。在 Premiere Pro 中的序列上，原剪辑的颜色和名称会改变，如图 B02-63 所示。

图 B02-62

图 B02-63

在 After Effects 中对素材进行添加效果、制作动画等操作，如图 B02-64 所示。

图 B02-64

回到 Premiere Pro 中，可以看到序列上原来的剪辑已经

发生了改变，如图 B02-65 所示。

在 After Effects 中对素材执行的每一步操作都会实时地在 Premiere Pro 中做出反应，这种动态链接的方法可以使两个软件的相互配合更加方便。

图 B02-65

B02.12　Premiere Pro 实用小技巧

新建项目"PR 实用小技巧"，导入视频素材"1""2""3"，拖曳至【时间轴】面板创建序列。

1. 时间轴滚动设置

默认情况下，播放序列时，指针滚动到末尾会自动跳转到下一页，不方便观察视频片段。执行【编辑】-【首选项】命令，打开【时间轴】选项板，设置【时间轴播放自动滚屏】为【平滑滚动】，如图 B02-66 所示。播放序列时，指针移动到本页中间位置时就会使序列平滑滚动。

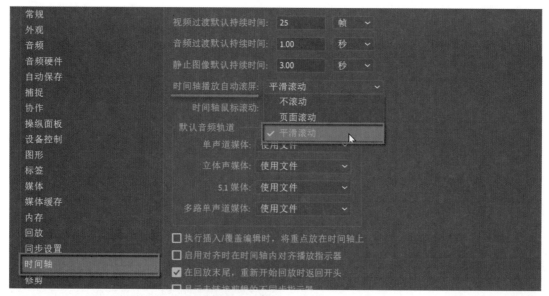

图 B02-66

2. 快速删除前后片段

在编辑过程中，如果想要删除剪辑的一部分，比如删除剪辑"1"前 10 秒的内容，在确保该轨道前面的▨▨被激活的情况

下，将指针移动至 10 秒处，按 Q 键，Premiere Pro 自动将剪辑 "1" 的指针前的片段删除并对齐剪辑开始时的位置，如图 B02-67 所示。

图 B02-67

如果是想要删除剪辑 "1" 后 5 秒的内容，则将指针移动至视频后 5 秒处，按 W 键即可。

3. 音视频同步功能

导入素材 "敬伟 PS 教程书籍短片之大哥教我"，在序列中选中视频，右击选择【取消链接】选项，使用【剃刀工具】随意切割音频、视频，如图 B02-68 所示。

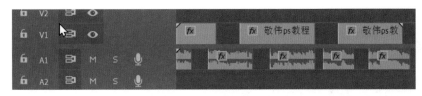

图 B02-68

将视频第 3 片段、音频第 5 片段移动至后面，右击选择【同步】选项，打开【同步剪辑】对话框，选中【时间码】单选按钮，如图 B02-69 所示。单击【确定】按钮，视频与音频自动匹配，播放序列查看效果，发现同步成功。

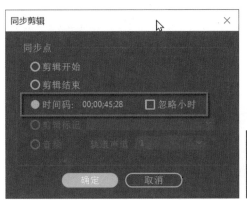

图 B02-69

4. 快速预览序列

如果一段剪辑的持续时间很长，播放时按住 L 键可以实现加速预览，按两次 L 键会使预览速度更快，最高可以提升 5 倍预览速度，按空格键可以停止预览。

按住 J 键，可以将预览变为倒放，多次按 J 键可以加速倒放，同样按空格键就可以停止预览。

5. 设置标识帧

【项目】面板中的素材太多时，用户往往会分不清它们，可以在素材上添加标识帧，将素材的预览图设置为固定画面。

将光标停在【项目】面板中的素材上，前后移动找到想要的画面，右击选择【设置标识帧】选项即可设置预览图。

6. 找回丢失视频或音频

有时因为序列复杂、剪辑繁多，已经编辑好的片段不小心被其他素材覆盖了，只剩下音频或者视频怎么办？

现在就来将丢失的内容找回来，右击一段剪辑，选择【取消链接】选项，用【剃刀工具】将其切割成几个片段，如图 B02-70 所示。

随机选取一段视频和音频放在后面，如图 B02-71 所示。

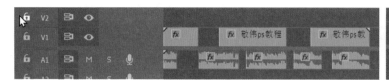

图 B02-70   图 B02-71

选中视频，按 F 键，这时【源监视器】就会显示当前素材片段，将光标停在【源监视器】下方的【仅拖动音频】上，光标变成抓手，将其拖曳至视频下方的音频轨道上即可，如图 B02-72 所示。

用同样的操作找回视频片段。选中音频，按 F 键，【源监视器】显示当前素材片段，将光标停在【源监视器】下方的【仅拖动视频】上，光标变成抓手，将其拖曳放到音频上方的视频轨道上，如图 B02-73 所示。这样丢失的视频或者音频就找回来了。

图 B02-72   图 B02-73

7. 简化序列

简化序列功能可以将杂乱的序列进行整理优化，删除多余的轨道、标记、被禁用的剪辑、静音的轨道，合并轨道之间的多余空间等，让序列更加整洁美观。

打开序列，可以看到序列中的素材比较杂乱，存在空轨道，轨道之间存在空白区域，整个序列比较混乱，如图 B02-74 所示。

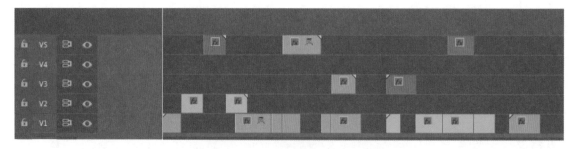

图 B02-74

选择当前序列，打开【剪辑】-【简化序列】二级菜单，执行【两者兼有】命令，选中【空轨道】复选框，如图 B02-75 所示。

执行【简化】命令，Premiere Pro 会自动创建当前序列的副本并重命名为"××-简化"，在【项目】面板中可以看到副本序列，如图 B02-76 所示。可以看到副本序列上的剪辑被整理，空轨道被删除，轨道上的垂直间隙被合并，如图 B02-77 所示。

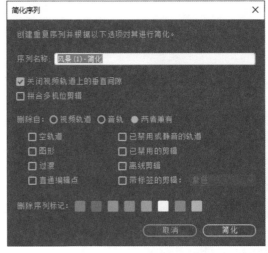

图 B02-75

图 B02-76

图 B02-77

8. 快速剪切不同镜头画面

Premiere Pro 可以自动将视频中不同的镜头画面剪切出来，不需要手动找到每个镜头再一次一次切开视频。剪切后可以快速对视频进行重新排列、重新剪辑，能大大提升工作效率。

选择一段视频，拖曳至【时间轴】面板创建序列，右击选择【场景编辑检测】选项，弹出的对话框如图 B02-78 所示。

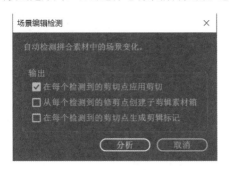

图 B02-78

默认选中【在每个检测到的剪切点应用剪切】复选框，单击【分析】按钮，查看序列，发现视频中添加了很多编辑点，每个不同的镜头已经被切开，如图 B02-79 所示。

图 B02-79

B02.13　综合案例——倒放效果

本综合案例完成效果如图 B02-80 所示。

素材作者：Edgar Fernández

图 B02-80

操作步骤

01 新建项目"倒放效果"，新建序列，选择预设【AVCHD 1080p30】。在【项目】面板中导入素材"倒带音效""人群"和"取景框"，将"人群"拖曳到【时间轴】面板中。

02 按住 Alt 键拖曳"人群"复制该剪辑，将其重命名为"倒放"，置于"人群"出点处。选中"倒放"，右击选择【速度 / 持续时间】选项，在弹出对话框中选中【倒放速度】复选框，设置【持续时间】为 2 秒，如图 B02-81 所示。

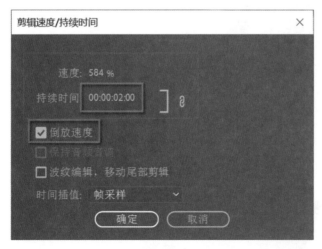

图 B02-81

03 在【项目】窗口中右击选择【新建项目】-【调整图

层】选项，单击【确定】按钮，将"调整图层"拖曳至 V2 轨道，对其添加【黑白】效果；添加【杂色】效果，设置【杂色数量】为 25%，效果如图 B02-82 所示。

图 B02-82

04 添加【波形变形】效果，设置【波形类型】为【正方形】，根据画面效果调节【波形宽度】【方向】和【波形速度】参数，如图 B02-83 所示。

图 B02-83

05 添加【残影】效果，设置【残影时间（秒）】为 0.067，调整【残影运算符】为【最大值】，效果如图 B02-84 所示。

图 B02-84

06 将"取景框"拖曳至 V3 轨道，调整【缩放】参数；将"倒带音效"拖曳至 A1 轨道，与"倒放效果"入点对齐；调整"倒放效果"的持续时间与"倒带音效"一致。这样倒放效果就制作完成了，如图 B02-85 所示。

图 B02-85

B02.14　作业练习——超越短视频剪辑

本作业源素材和完成效果参考如图 B02-86 所示。

源素材

完成效果参考

图 B02-86

作业思路

对音频开头、高潮、结尾部分进行剪辑，使用音频过渡将音频剪辑成40秒左右，根据音乐节奏剪辑视频，通过时间重映射、视频过渡、高斯模糊补画面等操作完成最终效果。

为了更方便快捷地完成复杂绚丽的效果，一些第三方公司为 Premiere Pro 制作了功能强大的插件，一般分为四大类：特效插件、转场插件、字幕插件、拓展功能类插件，下面介绍几款常用的功能非常强大的插件。

扫描二维码加入读者社群，我们提供了一系列常用的插件资源，后续的案例和衍生视频课程中都会经常用到。

B03.1　VFX Suite 红巨人特效插件

RG VFX Suite（红巨人特效插件）是 Red Giant 公司推出的一套视频特效合成插件，具有专业、快速、性能强大的特点，其中包含镜头光晕、辉光、抠像、跟踪等多个特效插件，可以创建非常逼真的视觉合成效果。其中的光工厂镜头光晕插件可以轻松地构建复杂的镜头光晕，全新的跟踪功能可以将多个图像完美地混合在一起。

红巨人特效插件中包含 10 个插件，如表 B03-1 所示。

表B03-1

插　件	版　本	功　能
Chromatic Displacement	v1.0.2	色差置换
Lens Distortion Matcher	v1.0.1	镜头失真变形
Knoll Light Factory	v3.1.2	光工厂镜头光晕
King Pin Tracker	v1.5.0	平面跟踪
Optical Glow	v1.5.0	智能辉光
Primatte Keyer	v6.0.2	专业抠像
Shadow	v1.5.0	投影
Reflection	v1.5.0	反射
Spot Clone Tracker	v1.0.3	物体移除替换克隆跟踪
Supercomp	v1.5.2	超强特效合成

B03.1　VFX Suite 红巨人特效插件

B03.2　Sapphire 蓝宝石插件

B03.3　综合案例——使用蓝宝石插件制作舞蹈短片合集

B03.4　Titler Pro 字幕插件

B03.5　Magic Bullet Suite 红巨人调色插件

B03.6　综合案例——人脸润肤磨皮

B03.7　作业练习——视频降噪

B03.2　Sapphire 蓝宝石插件

Sapphire（蓝宝石插件）是 Boris FX 公司出品的视频特效插件，拥有几百种炫酷的特效和几千种预设。最新版本是 Sapphire 2021.5，在镜头光效、色彩管理、跟踪和遮罩等方面都获得了提升和优化。蓝宝石插件卓越的图像质量、控制和渲染速度为用户节省了大量的时间，得到了很多后期爱好者的喜爱和追捧。

Sapphire 2021.5 中包含的插件如表 B03-2 所示。

表B03-2

插　件	功　能
Sapphire Adjust	调整
Sapphire Blur+Sharpen	模糊与锐化
Sapphire Builder	建设者
Sapphire Composite	混合
Sapphire Distort	扭曲
Sapphire Lighting	照明
Sapphire Render	渲染器
Sapphire Stylize	风格化
Sapphire Time	时间
Sapphire Transitions	过渡

B03.3　综合案例——使用蓝宝石插件制作舞蹈短片合集

本综合案例完成效果如图 B03-1 所示。

图 B03-1

素材作者：Ruben Velasco、Edgar Fernández

图 B03-1（续）

操作步骤

01 新建项目"舞蹈短片合集"，导入素材"01""02""03""04""05"和"背景音乐"，拖曳至【时间轴】面板创建序列，如图 B03-2 所示。

图 B03-2

02 在【效果】面板搜索【S_Effect】，将其应用到 V1 轨道的"02"上，在【效果控件】面板中单击【Load Preset】按钮，进入蓝宝石插件的预设面板，如图 B03-3 所示。

图 B03-3

03 在【Effects】选项卡中找到【S_CartoonPaint】单击进入，双击【Van Gone】应用该效果，如图 B03-4 所示。

图 B03-4

04 在【效果】面板中搜索【S_Effect】，将其应用到"04"上；在【效果控件】面板中单击【Load Preset】按钮，进入蓝宝石插件的预设面板；在预设面板上找到【S_FlysEyeRect】-【Shutter Me Timbers】效果，双击应用，如图B03-5所示。

图 B03-5

05 用同样的操作对"05"添加【S_DistortRGB】-【Color Slip】效果，如图B03-6所示。

图 B03-6

06 下面在视频之间添加过渡效果。在【效果】面板中搜索【S_Transition】，将其拖曳至"01"与"02"之间，在【效果控件】面板中单击【Load Preset】按钮，进入蓝宝

石插件的预设面板，在【Transition】选项卡中，找到【S_DissolveBubble】单击进入，双击应用【Default】过渡效果，如图B03-7所示。

图 B03-7

07 同理将【S_WipeWedge】-【Closing The Gap】过渡效果应用到V1轨道的"03"与"04"之间；将【S_Transition】-【Animated Matte Strips】过渡效果应用到V1轨道的"04"与"05"之间，如图B03-8所示，这样舞蹈合集短片就制作完成了。

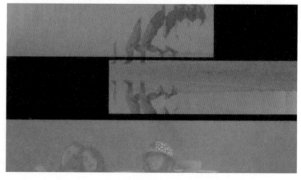

图 B03-8

B03.4　Titler Pro 字幕插件

Titler Pro 是 NewBlue 公司出品的一款非常优秀的字幕编辑、动态图形处理软件。它能制作丰富的文字标题、字幕效果，能够完成令人惊叹的 3D 动画字幕和动态图形。Titler Pro 提供了 700 多个专业设计，用户可以轻松地自定义文字、图形，有效地节省时间和精力。

B03.5　Magic Bullet Suite 红巨人调色插件

Magic Bullet Suite（红巨人调色插件）的最新版本是 Magic Bullet Suite 14，它非常强大、实用，集合了调色操作的几乎所有功能，能轻松快捷地调整出精致、美观的效果，使用其中电影和电视节目的相关预设，几分钟就可以调整出不可思议的效果。

红巨人调色插件不仅能进行色彩校正，还可以模拟镜头滤镜和胶卷，其中的 Magic Bullet Looks 可以胜任颜色调整中的每一项工作。

Magic Bullet Suite v14.0.1 中包含 7 个插件，如表 B03-3 所示。

表B03-3

插　件	版　本	功　能
Magic Bullet Colorista V	v5.0.1	调色师5（支持Lut）
Magic Bullet Cosmo II	v2.0.4	润肤磨皮
Magic Bullet Film	v1.2.5	电影质感调色
Magic Bullet Looks	v5.0.0	调色（多预设、支持Lut）
Magic Bullet Mojo II	v2.0.5	快速调色
Magic Bullet Denoiser III	v3.0.5	视频降噪
Magic Bullet Renoiser	v1.0.5	噪波颗粒

B03.6　综合案例——人脸润肤磨皮

本综合案例完成效果如图 B03-9 所示。

素材作者：Ishchuk

图 B03-9

操作步骤

01 新建项目"人脸润肤磨皮"，导入素材"女孩"，拖曳至【时间轴】面板创建序列。

02 选中"女孩"，打开【效果】面板找到【视频效果】-【RG Magic Bullet】-【Cosmo II】，双击添加该效果，在【效果控件】面板中查看效果参数。

03 打开效果的第一栏【Skin Selection】即"皮肤选择"，使用【吸管工具】吸取女孩的面部皮肤，识别画面中的皮肤颜色，如图 B03-10 所示。

图 B03-10

04 选中【Show Selection】复选框，画面中出现很多

灰色区域，如图 B03-11 所示，灰色区域表示未选择的区域，有颜色的地方则是识别到要进行颜色调整的区域，拖动【Selection Offset】和【Selection Tolerance】可以微调选择区域。

图 B03-11

05 将【Selection Tolerance】的数值调整为最大，人物面部的灰色部分减少，如图 B03-12 所示。

图 B03-12

06 确定选区后取消选中【Show Selection】复选框，展开【Skin Smoothimg】即"皮肤光滑"栏，可以看到五个调整参数，依次表示皮肤光滑、保留细节、保留对比度、锐化值、灰度噪点。将皮肤光滑调整至最大，适当调低其他参数，可以明显观察到人物面部皮肤光滑了很多，如图 B03-13 所示。

图 B03-13

07 展开【Skin Color】即"皮肤颜色"栏，可以看到四个参数，依次表示自动颜色校正、黄色皮肤/粉色皮肤、肤色统一、显示蒙皮覆盖。设置粉色皮肤参数为 80，可以看到人物面部变得像婴儿一样光滑、粉嫩，如图 B03-14 所示。这样润肤磨皮效果就完成了，可以单击效果前面的【切换效果开关】对比前后效果。

图 B03-14

B03.7 作业练习——视频降噪

本作业源素材及完成效果如图 B03-15 所示。

素材作者：Yana
源素材

完成效果参考
图 B03-15

作业思路

新建项目，导入素材"公园"并拖曳至【时间轴】面板创建序列；对"公园"添加【Reduce Noise v5】效果，进入操作界面，选择【在画面中自动选择噪点样点】，单击【Apply】按钮除去噪点；将"公园"复制一层到 V2 轨道，删除【Reduce Noise v5】效果，添加矩形蒙版，制作蒙版向右移动的动画，对 V2 轨道的剪辑制作嵌套序列，添加【油漆桶】效果，生成白色描边。

 读书笔记

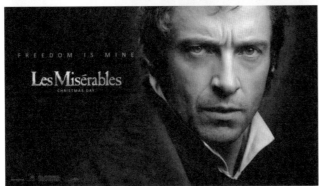

声音设计

给声音开个『美颜』

B04.1　基本声音面板
B04.2　调整对话
B04.3　调整音乐
B04.4　创建伪声效果
B04.5　设置环境
B04.6　综合案例——提升音频人声质量

　　通过录音设备收集的音频，难免会收录到杂音或电磁干扰产生电流音，音频中出现这种声音时，就需要后期进行"降噪"处理。对于一些录制的原始声音，也可以通过后期进行调整优化，增强混响效果，增强人声、重音等效果，使声音更加饱满，给人带来舒适的感受。

B04.1　基本声音面板

　　【基本声音】面板中针对音频类型有四种编辑选项，分别为【对话】【音乐】【SFX】【环境】，可以对声音进行修复、提高声音质量、添加特殊效果，可以达到专业音频工程师混音的效果。

　　新建项目"美化声音"，导入素材"餐厅-背景-氛围"，拖曳至【时间轴】面板创建序列。执行【窗口】-【基本声音】命令打开面板，如图 B04-1 所示。

图 B04-1

B04.2　调整对话

　　选中音频剪辑，选择并展开【对话】音频类型，【预设】下拉菜单中有模拟各个环境的音频效果，如果不符合需求，还可以在下方从几个方面调整参数设置，如图 B04-2 所示。

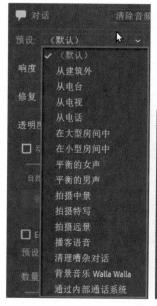
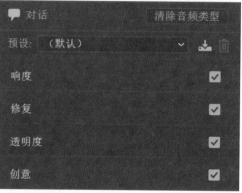

图 B04-2

1. 统一响度

对话类的音频中可能包含表演期间的音频、画外音、音效等，为了使音频与视频匹配，需要对所有音频统一初始响度。

展开【响度】栏，单击【自动匹配】按钮，Premiere Pro 将音频自动匹配到响度级别，如图 B04-3 所示。

图 B04-3

2. 修复对话音轨

【修复】栏可以减少音频中的杂色、隆隆声、嗡嗡声、齿音、混响等，可以分别对各个参数进行调整，如图 B04-4 所示。

图 B04-4

- 【减少杂色】：根据音频的噪声类型和音频特点，减少音频中的噪音。
- 【降低隆隆声】：降低低于 80 Hz 的超低频噪音。
- 【消除嗡嗡声】：消除 50 ~ 60 Hz 的嗡嗡声。
- 【消除齿音】：减少人声录音中形成的齿音。
- 【减少混响】：减少音频中的混响效果。

3. 提高对话轨道的透明度

调节【动态】的范围，可以减少音频中的杂音，提高人声的清晰度，使声音听起来符合广播级水准。

可以在【EQ】中选择多个预设，如图 B04-5 所示，降低或提高录音中的选定频率的音量。

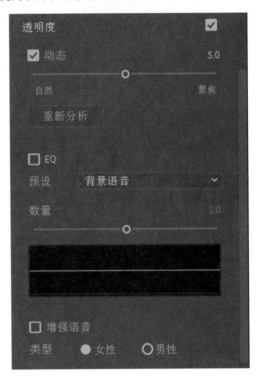

图 B04-5

选中【增强语音】，选择【女性】或【男性】以适当的频率增强对话声音。

4. 创意

【混响】使声音听起来更像是房间或室外环境中真实发出的声响，有多个预设可供选择，可以适应不同的环境氛围，如图 B04-6 所示。

图 B04-6

B04.3　调整音乐

单击【清除音频类型】按钮回到初始界面，然后展开【音乐】音频类型，如图B04-7所示。

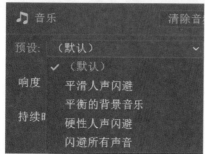

图 B04-7

◆ 【持续时间】：将音频进行重新混合，或者调整整个音频的持续时间，控制音频的播放速度，如图B04-8所示。

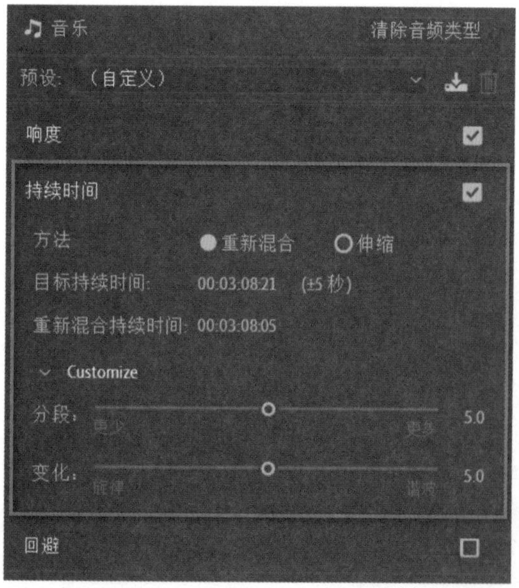

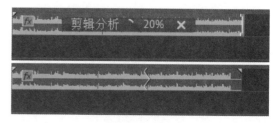

图 B04-8

在执行音频重新混合时，Premiere Pro 将音频进行整体

分析，分析音频中的节拍点并自动剪切和添加交叉淡化，分析结束后会在音频上留下曲线线条，将音频流畅、无缝的重新混合出来，如图B04-9所示。

图 B04-9

同样在【工具】面板中使用【重新混合工具】 也可以在轨道上直接编辑音频，如图图B04-10所示。

图 B04-10

◆ 【回避】：允许计算机自动计算，降低背景声音相对于前景声音的音量，如图B04-11所示。

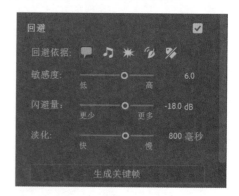

图 B04-11

○ 【回避依据】：依据的类型有【对话】【音乐】【SFX】【环境】【未标记】。

○ 【敏感度】：调整触发回避的阈值。参数设置得过大或者过小，会使音频调整效果减小，中间值会触发更多的效果。

○ 【闪避量】：降低音乐的音量，向左调会使效果变化更精细，向右调使音量更低。

○ 【淡化】：控制音量调整的速度，快速的淡化值适用于调整快速音乐与快速语音混合，慢速的淡化值适用于调整在画外音轨道后面闪避音乐。

B04.4　创建伪声效果

　　【SFX】音频类型就是为音频创建模拟的动态音效，可以使人产生音频发声源移动或者音频来自特定位置的幻觉，有很多预设可以选择，如图 B04-12 所示。

　　【SFX】音频类型中可以添加【混响】效果，比如场景中有移动的声源或者画面之外的声源，可以使整个音频更加真实，营造身临其境的氛围。

图 B04-12

B04.5　设置环境

　　【环境】音频类型中也提供了很多预设，比如从外部、室内环境声、宽广深坑等，可以让声音听起来像是来自不同的空间环境，营造效果，如图 B04-13 所示。

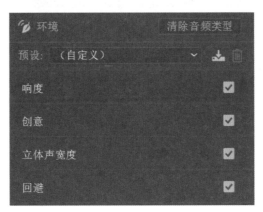

图 B04-13

B04.6　综合案例——提升音频人声质量

操作步骤

　　01 新建项目"提升音频人声质量"，导入素材"电动风车 -1"并拖曳至【时间轴】面板创建序列，如图 B04-14 所示。播放序列，可以听到音频中人声比较沉闷、不够响亮，环境声太突出，这是录音现场中物体的表面把声音反射进麦克风中所造成的。

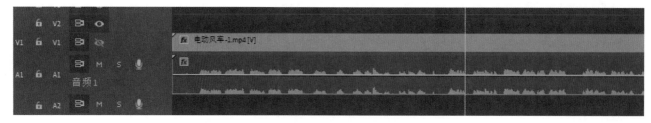

图 B04-14

02 首先对音频的混响进行处理，打开【基本声音】面板，在【音频效果】中选择【对话】音频类型，在【修复】栏中选中【减少混响】复选框，设置参数为 5，使音频中的混响减弱，如图 B04-15 所示。

图 B04-15

03 播放序列，可以听到混响减弱了很多，但是人物说话时每句话的末尾有很明显的拖音，人声依然不清晰。在【透明度】栏中选中【动态】复选框，设置参数为 5；选中【增强语音】复选框，类型设置为【女性】，如图 B04-16 所示。

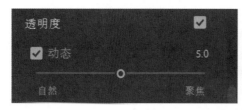 

图 B04-16

04 播放序列，播放期间可以在【效果】面板尝试打开和关闭【人声增强】效果，可以明显感觉到调整后声音的变化。

读书笔记

在工作中使用模板可以有效、快捷地完成复杂的效果，大大提升工作效率，使用时不需要完成制作转场、制作效果、管理图层顺序、生成嵌套等烦琐的工作，只需执行文字编辑、图片替换等简单操作，就可以输出剪辑。

模板

B05.1　了解模板的常见问题

找到本课提供的模板，打开"图文切换展示 PR 模板"总文件夹可以看到工程文件、项目文件以及文件夹中的素材文件、预览视频等。

素材文件夹中保存了模板中使用的视频、图片、音频等所有素材，文件格式包括 MP4、MOV、JPG、PNG、MP3、WAV 等。

经常使用模板可能会遇到一些问题，下面对一些常见的问题及其解决方法进行介绍。

双击"图文切换展示"项目文件，打开模板，会出现"转换项目"弹窗提示。这是由于软件版本不同，该模板在当前版本的软件中使用时需要进行转换，Premiere Pro 会自动以新名称"图文切换展示_1"创建项目。单击【确定】按钮打开项目，如图 B05-1 所示。

图 B05-1

如果提示无法打开，证明当前软件版本过低，需要使用更高级的版本，如图 B05-2 所示。

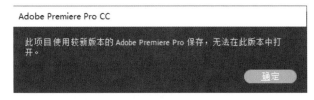

图 B05-2

有时还会出现"链接媒体"弹窗警告，如图 B05-3 所示。这是因为模板使用的是英文路径，素材路径包含中文时就会出现链接丢失的情况；也有可能是素材文件的路径发生了改变，需要用户手动链接媒体。这时选择链接，手动链接文件即可；软件支持查找功能，输入文件名也可以找到。

B05.1　了解模板的常见问题

B05.2　认识模板内素材之间的关系

B05.3　修改模板，替换所需素材

B05.4　综合案例——熟练使用模板

图 B05-3

还可能出现"解析字体"弹窗警告，如图 B05-4 所示。这是因为模板中用到了一些特殊字体，而用户的计算机中没有安装相应字体，因此无法正常显示，手动修改为其他字体或者安装相应字体即可解决。

图 B05-4

有时还会出现"效果缺失"弹窗提示，这是因为该模板使用了一些外置插件，需要手动下载安装相关插件，或者将模板中的一些效果停用或删除。

B05.2　认识模板内素材之间的关系

打开项目后，在【项目】面板中可以看到存放素材、序列的文件夹，如图 B05-5 所示，素材和序列已经被分门别类地整理得非常清楚。双击文件夹切换到【素材箱】面板，双击素材在【源监视器】中预览素材效果，双击序列打开序列中的内容。

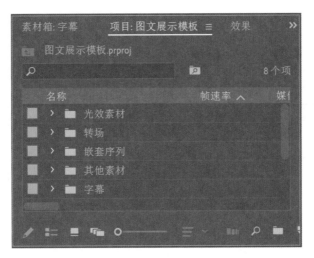

图 B05-5

1. 嵌套序列

一般的模板中都对序列中的各种素材做好了整理分类，对每一段素材进行了重命名，将文字、图形、颜色遮罩、调节图层等整理得非常规律、整洁，以方便其他用户使用。

这些素材被不断地嵌套，总序列下又有子序列，直到打开最底层的序列，修改需要替换的素材、文字等，如图 B05-6所示。

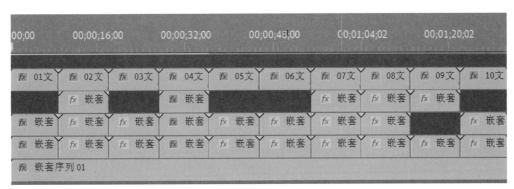

图 B05-6

2. Alpha 通道图层

模板中不同的素材起不同的作用，例如一些黑白色调带有 Alpha 通道的素材，通常用来控制转场效果、作为另一图层的遮罩图层，这类素材一般不需要替换，选择相邻轨道上【效果控件】面板中带有【轨道遮罩键】效果的素材替换即可，如图 B05-7 所示。

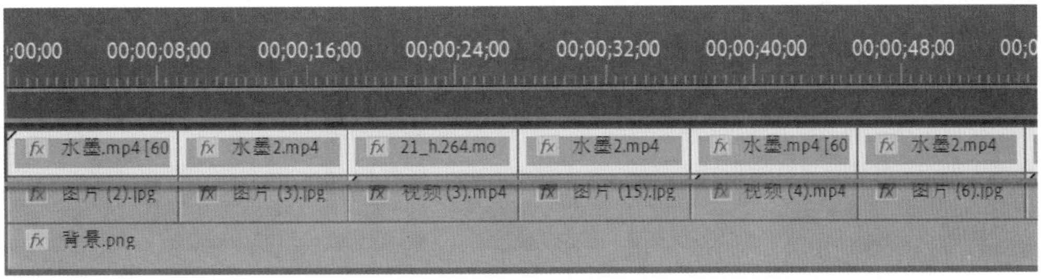

图 B05-7

3. 形状图层

一般用于剪辑中制作的图形动画、标题动画，可以配合其他内容，起到丰富画面的辅助作用，还可以像剪辑一样编辑其持续时间，以适应用户的需求，如图 B05-8 所示。

图 B05-8

4. 文字图层

剪辑中所配的文字、标题等起到强调画面内容的作用，可以打开【基本图形】面板修改文字，编辑文字样式等参数，如图 B05-9 所示。

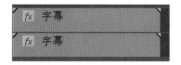

图 B05-9

5. 调整图层

对整个序列的颜色、效果等参数进行调整，将添加的效果应用于整个序列，用户可以根据自己的需求修改调整图层的设置，如图 B05-10 所示。

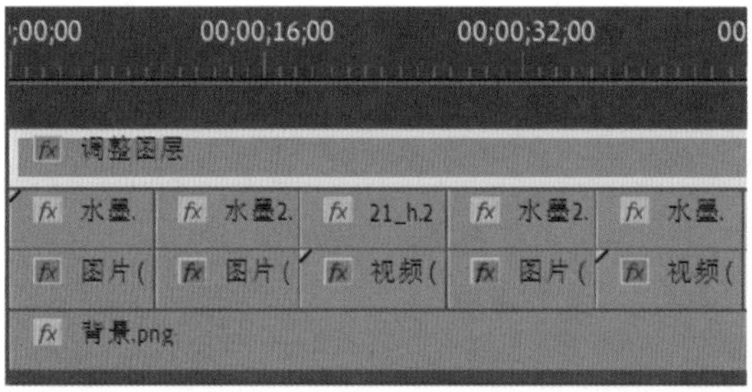

图 B05-10

B05.3　通过修改模板替换素材

替换素材有多种方式：图片替换图片、图片替换视频、文字替换图形等。在打开模板之前可以对工程文件中的源素材进行修改，将准备好的素材按照模板工程文件中素材的名称重命名，然后拖曳覆盖源文件。

打开模板文件夹，找到存放素材的文件夹"SuCai"，可以看到图片素材都在这个文件夹里，如图 B05-11 所示。

图 B05-11

打开准备好的图片，将图片按照"SuCai"文件夹里的图片一一重命名，直接拖曳覆盖素材文件。在 Premiere Pro 中打开模板工程文件，可以看到图片已经替换完毕，播放序列查看效果，再对图片进行微调以适应模板内容，如图 B05-12 所示。

图 B05-12

◆ 或者在打开模板工程文件后，在素材箱中选中图片，执行【剪辑】-【替换素材】命令，替换对应素材。
◆ 或者导入全部图片，在素材箱选中图片后打开序列中的原图片；右击选择【使用剪辑替换】-【从素材箱】选项，也可以完成图片替换，如图 B05-13 所示。

使用剪辑替换	▶	从源监视器(S)
渲染和替换...		从源监视器，匹配帧(M)
恢复未渲染的内容		从素材箱(B)

图 B05-13

替换素材时首先查看预览视频，根据时间确定位置，再根据素材的名称找到素材执行替换操作，替换后的素材要根据自己的需求修改持续时间、效果、过渡等设置。

B05.4　综合案例——熟练使用模板

本综合案例完成效果如图 B05-14 所示。

图 B05-14

操作步骤

01 打开"图文展示模板"项目，可以看到【项目】面板中所使用的素材已经被整理分类，不同类型的素材分别用几个素材箱归类，非常清楚，如图 B05-15 所示。

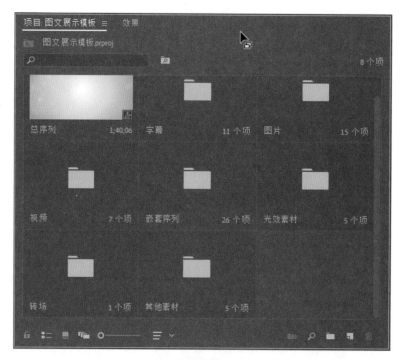

图 B05-15

02 一般修改模板只需要找到图片与字幕进行修改，不需要修改过多内容。下面先替换图片，打开"图片"素材箱看到此模板一共用到了 15 张图片，打开"视频"素材箱看到此模板一共用到了 7 个视频，如图 B05-16 所示。

图 B05-16

03 选择素材箱中的图片或视频，右击选择【替换素材】选项，查找相应素材。

04 或者新建素材箱并命名为"替换素材"，导入素材时，一定要养成新建素材箱的好习惯，方便后期替换素材，过多随意放置的素材会导致混乱。

05 打开【项目】面板中的"替换素材"素材箱，选中素材，同时在序列中选中需要替换的图片或视频，右击选择【使用剪辑替换】-【从素材箱】选项即可完成素材替换，如图 B05-17 所示。

图 B05-17

06 替换素材后，开始修改文字。打开"字幕"素材箱，双击"01 文字修改"打开序列，在【时间轴】面板中上层轨道表示第一行文字、下层轨道表示第二行文字，选中文字在【效果控件】面板中展开【图形参数】-【源文本】属性编辑文字，或者直接使用【文字工具】 T ，在【节目监视器】中选中文字并编辑。

07 图片和文字修改完成后播放序列查看效果，调整它们的尺寸和位置，如果感觉效果不合适，选中对应的素材在【效果控件】面板中修改参数设置即可。

08 完成修改后，执行【文件】-【导出】-【媒体】命令（Ctrl+M）导出项目，命名为"旅游照片动态相册"，这样一个图文展示模板就制作完成了，如图 B05-18 所示。

图 B05-18

 读书笔记

B06课

效果案例

全面认识特效

与 After Effects 的效果类似，Premiere Pro 也有多门多类的视频剪辑特效，非线性编辑软件的特效更注重实时预览，更容易对总体时间进行控制，在不破坏原片的前提下，可以预留出最大的后期调整空间，在调色和多镜头剪辑方面，比专业特效软件工作效率更高。所以一般的视频特效可以在 Premiere Pro 中直接制作，而复杂的动画类特效，则需要用专业的特效软件如 After Effects 来完成。

B06.1　视频效果的分类

1. 变换

本组效果常用于实现多画面的效果，如图 B06-1 所示。

图 B06-1

◆ 【垂直翻转】：将画面绕 X 轴翻转 180°。
◆ 【水平翻转】：将画面绕 Y 轴翻转 180°。
◆ 【羽化边缘】：画面边缘出现羽化效果，如图 B06-2 所示。

图 B06-2

◆ 【自动重构】：重新调整视频，匹配不同的宽高比，如图 B06-3 所示。

图 B06-3

◆ 【裁剪】：对画面进行裁切。选中【缩放】复选框能够在裁切的同时缩放画面，保持画面尺寸不变。

B06.1　视频效果的分类
B06.2　实例练习——求婚短视频
B06.3　实例练习——倒计时效果
B06.4　实例练习——模拟镜像空间
B06.5　实例练习——去除杂物或水印
B06.6　综合案例——模拟镜头运动
B06.7　综合案例——制作手绘文字
B06.8　综合案例——纸牌飞出动画
B06.9　综合案例——描边弹出动画
B06.10　综合案例——晃动眩晕效果
B06.11　综合案例——制作水墨图画
B06.12　综合案例——制作变脸效果
B06.13　综合案例——3D 投影效果
B06.14　作业练习——水滴转场效果
B06.15　作业练习——制作跟踪马赛克效果
B06.16　作业练习——制作唯美滤镜
B06.17　作业练习——星空延时效果

2. 图像控制

本组效果主要用于改变视频的色彩，如图 B06-4 所示。

图 B06-4

◆ 【灰度系数校正】：主要通过控制中间调，使画面变亮或变暗。

◆ 【颜色平衡（RGB）】：调整画面中的红色、绿色和蓝色的量，如图 B06-5 所示。

图 B06-5

◆ 【颜色替换】：将剪辑中出现的颜色替换成新的颜色，同时保留灰阶，如图 B06-6 所示。

图 B06-6

◆ 【颜色过滤】：将画面转换成灰度，只保留指定的颜色，如图 B06-7 所示。

图 B06-7

◆ 【黑白】：将彩色画面转换成黑白色。

3. 实用程序

◆ 【Cineon 转换器】：用于对剪辑进行色彩转换，增强明暗或对比度，转换的类型包括对数到对数、对数到线性、线性到对数三种，如图 B06-8 所示。

图 B06-8

4. 扭曲

本组效果主要用于对图像进行几何变形，如图 B06-9 所示。

图 B06-9

◆ 【偏移】：脱离视频的图像信息会在边缘出现，如图 B06-10 所示。

图 B06-10

◆ 【变形稳定器】：用于消除因摄像机移动造成的画面抖动问题。

◆ 【变换】：与【运动】属性类似，可添加运动模糊。

◆ 【放大】：产生类似放大镜的放大效果。

◆ 【旋转扭曲】：旋转画面，产生旋涡变形效果，如图 B06-11 所示。

图 B06-11

◆ 【果冻效应修复】：去除拍摄图像时扫描线由于时间延迟产生的扭曲。

◆ 【波形变形】：产生波形的扭曲效果。

◆ 【湍流置换】：使画面随机产生波纹扭曲效果，如图 B06-12 所示。

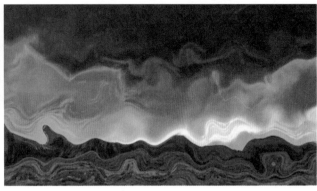

图 B06-12

◆ 【球面化】：可以使画面变形为球面，制作圆球效果。

◆ 【边角定位】：设置图像的 4 个角，通过改变 4 个角点的位置来扭曲图像，如图 B06-13 所示。

图 B06-13

◆ 【镜像】：将图像沿一条线拆分，然后将一侧反射到另一侧，如图 B06-14 所示。

图 B06-14

◆ 【镜头扭曲】：扭曲画面，模拟通过镜头观察的效果。

5. 时间

本组效果可以改变图像的帧速度，制作残影效果，如图 B06-15 所示。

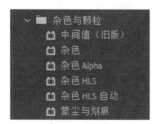

图 B06-15

◆ 【残影】：通过合并不同时间的帧，使视频运动画面产生残影效果。此效果在剪辑中包含运动时，才有明显效果。默认情况下，应用【残影】效果时，之前应用的任何效果都不起作用，如图 B06-16 所示。

图 B06-16

◆ 【色调分离时间】：常用于抽出指定的帧数且保持剪辑时长不变，从而产生慢放效果。

6. 杂色与颗粒

本组效果主要用于给图像添加或去除杂色与颗粒，如图 B06-17 所示。

图 B06-17

◆ 【中间值（旧版）】：用指定半径范围内周围像素的 RGB

平均值来替换像素，达到增加模糊、去除杂色等效果，如图 B06-18 所示。

图 B06-18

◆ 【杂色】：随机改变图像颜色，产生噪点效果，如图 B06-19 所示。

图 B06-19

◆ 【杂色 Alpha】：随机生成杂色并运用到 Alpha 通道上的效果。

◆ 【杂色 HLS】：可以根据指定的色相、亮度或饱和度生成杂色，并可调整杂色的尺寸和相位。

◆ 【杂色 HLS 自动】：自动根据指定的色相、亮度或饱和度生成杂色，如图 B06-20 所示。

图 B06-20

◆ 【蒙尘与划痕】：将位于指定半径之内的不同像素替换为类似的邻近像素，从而减少杂色和瑕疵。

7. 模糊与锐化

本组效果主要用来调整画面的模糊和锐化，如图 B06-21 所示。

图 B06-21

◆ 【减少交错闪烁】：减少因隔行扫描素材带来的交错闪烁问题。

◆ 【复合模糊】：通过改变像素的明亮度值使图像变得模糊，如图 B06-22 所示。

图 B06-22

◆ 【方向模糊】：使图像在指定方向上模糊。

◆ 【相机模糊】：模仿相机焦距不在图像上时产生的模糊效果。

◆ 【通道模糊】：可使得剪辑的 R、G、B 通道及 Alpha 通道各自变模糊，如图 B06-23 所示。

图 B06-23

◆ 【钝化蒙版】：添加蒙版，增加边缘的颜色之间的对比度，如图 B06-24 所示。

图 B06-24

◆ 【锐化】：增强相邻像素的对比度，提高画面的清晰度。
◆ 【高斯模糊】：模糊和柔化相邻像素，选中【重复边缘像素】复选框，可以均匀应用效果，如图 B06-25 所示。

图 B06-25

8. 沉浸式视频

　　本组效果是专门处理 VR 视频的效果，更适合应用于 VR 视频剪辑，会有更好的效果，如图 B06-26 所示。

　　新建序列时，在对话框中的【VR 视频】选项卡中设置【投影】为【球面投影】才可以使应用的沉浸式视频效果显现出来，如图 B06-27 所示。

图 B06-26

图 B06-27

在【节目监视器】右下角打开【按钮编辑器】，将【切换 VR 视频显示】按钮移动到面板底部，激活该按钮，如图 B06-28 所示。

图 B06-28

◆ 【VR 分型杂色】：在图像上生成分型杂色，如图 B06-29 所示。

图 B06-29

◆ 【VR 发光】：使图像产生辉光效果。
◆ 【VR 平面到球面】：可以将普通平面视频、图片转换为球面全景效果。
◆ 【VR 投影】：用于调整 VR 视频的旋转、拉伸以填充帧，去除视频全景展示的接缝，如图 B06-30 所示。

图 B06-30

◆ 【VR 数字故障】：在图像中产生颜色扭曲、杂色块，模拟图像故障效果，如图 B06-31 所示。

图 B06-31

- ◆ 【VR 旋转球面】：可以控制图像沿 X、Y、Z 轴旋转。
- ◆ 【VR 模糊】：模糊柔化 VR 图像的像素。
- ◆ 【VR 色差】：分离图像红色、绿色、蓝色像素并控制偏移量。
- ◆ 【VR 锐化】：增强图像中相邻像素的对比度，提高画面的清晰度。
- ◆ 【VR 降噪】：降低图像噪点。
- ◆ 【VR 颜色渐变】：在图像上添加颜色渐变，如图 B06-32 所示。

图 B06-32

9. 生成

本组效果主要用于制作一些特殊的画面效果，如图 B06-33 所示。

图 B06-33

◆ 【书写】：可实现画笔书写的动态效果，如图 B06-34 所示。

图 B06-34

◆ 【单元格图案】：可生成基于单元格的图案，用于创建静态或者动态的背景纹理和图案，如管状、晶格、气泡等，图案随机填充分布，如图 B06-35 所示。

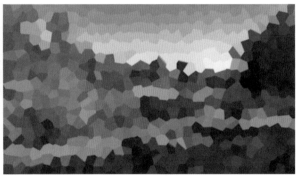

图 B06-35

◆ 【吸管填充】：将采样点的颜色填充到素材上。

◆ 【四色渐变】：类似于渐变，可在画面上产生四种颜色的混合渐变。

◆ 【圆形】：可自定义的实心圆或环。

◆ 【棋盘】：在画面上生成棋盘一样的图案。

◆ 【椭圆】：为图像添加椭圆形的形状，可利用它作为遮罩。

◆ 【油漆桶】：使用纯色来填充区域的非破坏性效果，如图 B06-36 所示。

图 B06-36

◆ 【渐变】：可生成线性渐变或径向渐变。

◆ 【网格】：创建可自定义的网格。

◆ 【镜头光晕】：生成一种模拟强光照进摄像机镜头时产生的折射，如图 B06-37 所示。

图 B06-37

◆ 【闪电】：在剪辑的两点之间创建闪电效果。

10. 视频

本组效果主要用于生成数字或文字，用于团队成员及客户之间的沟通合作，如图 B06-38 所示。

图 B06-38

◆ 【SDR 遵从情况】：将 HDR 媒体转换为 SDR 时使用本效果可调亮度、对比度、软阈值等参数。

◆ 【剪辑名称】：在画面上实时显示素材的名称，如图 B06-39 所示。

图 B06-39

◆ 【时间码】：在画面上实时显示时间码。该效果一般应用于调整图层，为整个序列生成时间码，如图 B06-40 所示。

图 B06-40

◆ 【简单文本】：在画面上生成一个简单文本。

11. 调整

本组效果主要用于调整剪辑颜色明暗度以及添加光照效果，如图 B06-41 所示。

图 B06-41

◆ 【ProcAmp】：模仿标准电视设备上的处理放大器，可同时调整亮度、对比度、色相、饱和度以及拆分百分比，如图 B06-42 所示。

图 B06-42

◆ 【光照效果】：模拟最多五种光照的效果。其中的"凹凸层"控件可以使用其他素材中的纹理或图案产生特殊光照效果。

◆ 【卷积内核】：根据卷积运算来更改剪辑中每个像素的亮度值，可对各种浮雕、模糊和锐化效果进行微调控制。

◆ 【提取】：移除颜色，创建灰度图像。

◆ 【色阶】：调整画面整体颜色的亮度与对比度，类似于 Photoshop 的色阶命令，如图 B06-43 所示。

图 B06-43

12. 过时

本组效果主要用于对剪辑进行专业级的颜色分级和颜色校正，大多数效果控件与 Photoshop 中的同名命令类似，且都可以通过【Lumetri 颜色】面板等来实现，故放在过时效果组中，如图 B06-44 所示。下面介绍其中几个效果。

图 B06-44

◆ 【RGB 曲线】：最传统的调色效果控件。

◆ 【三向颜色校正器】：通过色轮调整图像的高光、阴影和中间调。
◆ 【快速颜色校正器】：可用来调整白平衡、色相、饱和度、明暗对比度等。

13. 过渡

此类过渡效果与【视频过渡】中的过渡效果相似。但是此类效果是在剪辑自身上进行过渡，而【视频过渡】中的过渡是在前后两个剪辑之间进行的，如图 B06-45 所示。

图 B06-45

◆ 【块溶解】：使剪辑在随机产生的块中消失，可以改变块的大小、柔化块的边缘。
◆ 【径向擦除】：以径向方式对图像进行擦除，如图 B06-46 所示。

图 B06-46

◆ 【渐变擦除】：使剪辑根据指定视频轨道剪辑的颜色明亮度进行擦除，渐变图层中黑色表示透明，白色表示不透明，如图 B06-47 所示。

图 B06-47

◆ 【百叶窗】：使用指定宽度的条纹（类似于百叶窗）对图像进行擦除。
◆ 【线性擦除】：以直线方式对图像进行擦除。

14. 透视

本组效果主要用于对剪辑添加透视效果，如图 B06-48 所示。

图 B06-48

◆ 【基本 3D】：可以模拟 3D 空间，围绕水平和垂直轴旋转图像，以及向靠近或远离屏幕的方向移动图像，如图 B06-49 所示。

图 B06-49

◆ 【径向阴影】：模拟由一个光源产生的阴影，可控制位置及投影距离，如图 B06-50 所示。

图 B06-50

◆ 【投影】：在剪辑后面添加投影效果。

◆ 【斜面 Alpha】：在图像的 Alpha 边界产生斜面和光亮，如图 B06-51 所示。

图 B06-51

◆ 【边缘斜面】：在图像边缘添加斜面和光亮效果。

15. 通道

本组效果常用于两个剪辑的组合，通过改变剪辑的颜色，或者调整剪辑的R、G、B通道，改变两个剪辑的不透明度关系，如图B06-52所示。

图 B06-52

◆ 【反转】：反转图像中的颜色，类似Photoshop中的反相命令，如图B06-53所示。

图 B06-53

◆ 【复合运算】：与其他轨道上的剪辑或控制图层进行混合运算。
◆ 【混合】：可以选择五种混合模式混合其他轨道上的剪辑，也可以混合自身通道。
◆ 【算术】：通过数学运算改变剪辑的R、G、B通道，如图B06-54所示。

图 B06-54

◆ 【纯色合成】：快速创建纯色混合，如图B06-55所示。

图 B06-55

◆ 【计算】：将一个剪辑的通道与另一个剪辑的通道混合，

类似于 Photoshop 中的计算命令。

◆ 【设置遮罩】：将其他轨道的剪辑的通道替换成自身的 Alpha 通道，如图 B06-56 所示。

图 B06-56

16. 键控

本组效果主要用于视频抠像及合成，如图 B06-57 所示。

B06-57

◆ 【Alpha 调整】：用于对剪辑上已有的 Alpha 通道进行调整。
◆ 【亮度键】：根据图像的明亮度对图像进行抠除。当主体与背景有显著不同的明亮度时，可使用此效果，如图 B06-58 所示。

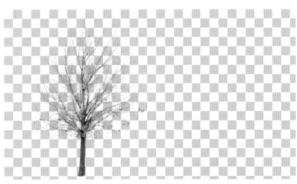

图 B06-58

◆ 【图像遮罩键】：根据静止图像剪辑（充当遮罩）的亮度值来确定透明区域。
◆ 【差值遮罩】：与差值剪辑的像素进行对比，抠出源剪辑中与差值剪辑的位置和颜色匹配的像素。一般用于抠出物体移动且背景静止的剪辑。
◆ 【移除遮罩】：用于调整剪辑中移除颜色的边缘。在【遮罩类型】设置中选择【白色】，会减少边缘过渡；选择【黑色】，就会增加边缘过渡。

◆ 【超级键】：可将指定颜色的像素设置为透明，如图 B06-59 所示。

图 B06-59

◆ 【轨道遮罩键】：通过一个剪辑的亮度信息或 Alpha 通道显示另一个剪辑，作为遮罩的剪辑须置于上方轨道，如图 B06-60 所示。

图 B06-60

◆ 【非红色键】：用于抠除绿色或者蓝色背景，减少不透明对象的边缘。在需要控制混合时，或【颜色键】效果无法生成满意结果时，可使用"非红色键"效果。

◆ 【颜色键】：用于抠除所有与指定颜色类似的像素，如图 B06-61 所示。

图 B06-61

17. 颜色校正

本组效果主要用来校色和调色，如图 B06-62 所示。

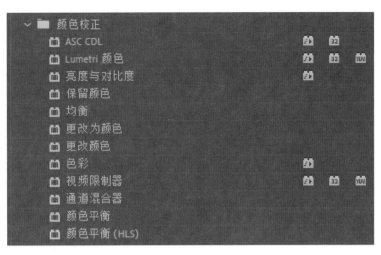

图 B06-62

◆ 【ASC CDL】：用于进行简单的色彩校正和饱和度调整。

◆ 【Lumetri 颜色】：Premiere Pro 目前主推的功能强大的调色控件。B07 课中将重点介绍此效果，并配有调色案例练习，如图 B06-63 所示。

图 B06-63

◆ 【亮度与对比度】：用于改变亮度和对比度。

◆ 【保留颜色】：保留指定颜色，将画面上的其他颜色转换为黑白，如图 B06-64 所示。

图 B06-64

◆ 【均衡】：重新分布像素的亮度，以便呈现所有范围的亮度级别。

◆ 【更改为颜色】：用另一种颜色替换指定的颜色。

◆ 【更改颜色】：更改指定颜色的色相、饱和度或亮度，如图B06-65所示。

图 B06-65

◆ 【色彩】：用于实现画面色彩的渐变映射效果。
◆ 【视频限制器】：限制视频中的亮度和颜色，使其满足广播级标准的色彩范围。
◆ 【通道混合器】：类似于 Photoshop 的通道混合器命令，如图B06-66所示。

图 B06-66

◆ 【颜色平衡】：调整指定颜色的色相、饱和度、亮度。
◆ 【颜色平衡（HLS）】：调整整个画面的色相、亮度、饱和度，如图B06-67所示。

图 B06-67

18. 风格化

本组效果主要用于在剪辑上制作辉光、浮雕、纹理、马赛克等特殊效果，如图B06-68所示。

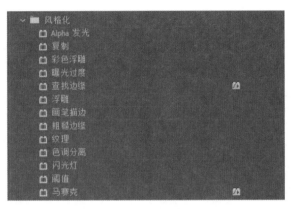

图 B06-68

◆ 【Alpha 发光】：在图像 Alpha 通道的边缘产生辉光效果，如图 B06-69 所示。

图 B06-69

◆ 【复制】：将剪辑图像复制成多个并同时平铺在屏幕上。

◆ 【彩色浮雕】：与【浮雕】效果的原理相似，在图像中对象的边缘产生高光，如图 B06-70 所示。

图 B06-70

◆ 【曝光过度】：创建负像和正像相互混合的效果，调整图像曝光区域。

◆ 【查找边缘】：识别图像中的对象的边缘并突出边缘，如图 B06-71 所示。

图 B06-71

◆ 【浮雕】：锐化图像中对象的边缘并抑制颜色，产生浮雕效果。

◆ 【画笔描边】：使图像产生粗糙的绘画效果，如图 B06-72 所示。

图 B06-72

◆ 【粗糙边缘】：使图像边缘产生粗糙化效果，类似腐蚀的金属、溶解的边缘等。

◆ 【纹理】：将剪辑的纹理外观映射到其他剪辑上，生成木制纹理、大理石纹理等，如图 B06-73 所示。

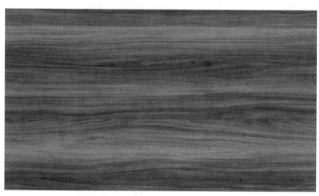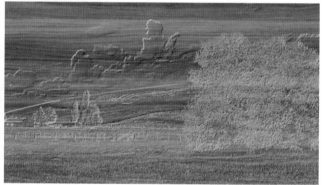

图 B06-73

◆ 【色调分离】：调整图像的色调级别，将像素映射到最匹配的级别，如图 B06-74 所示。

图 B06-74

◆ 【闪光灯】：模拟闪光灯的效果，使剪辑产生随机频闪效果。

◆ 【阈值】：提高图像的对比度，生成黑白的图像。

◆ 【马赛克】：生成马赛克，使原始图像像素化，如图 B06-75 所示。

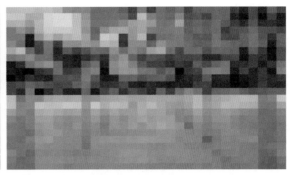

图 B06-75

B06.2　实例练习——求婚短视频

操作步骤

01 新建项目文件"求婚短视频"，在【项目】面板中导入素材"花""表""求婚"和"04"，将所有素材拖曳到【时间轴】面板的视频轨道中，位置如图 B06-76 所示。

图 B06-76

02 在【效果】面板中搜索【交叉溶解】效果，拖曳至"表"的入点，如图 B06-77 所示。

03 在【时间轴】面板上，选中"表"在第 5 秒 4 帧处添加【不透明度】关键帧，调整参数为 100%，在第 6 秒调整参数为 0%，如图 B06-78 所示。

图 B06-77

图 B06-78

04 在【效果】面板中搜索【白场过渡】效果，拖曳至"求婚"和"04"之间，如图 B06-79 所示。

05 双击序列中的【白场过渡】效果，效果设置【持续时间】为 15 帧，如图 B06-80 所示。

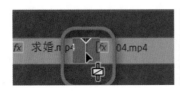

图 B06-79

图 B06-80

06 至此，求婚短视频制作完成，播放序列查看效果，如图 B06-81 所示。

素材作者：Ishchuk、Edgar Fernández、Aleksey、Alona

图 B06-81

B06.3 实例练习——倒计时效果

操作步骤

01 新建项目"倒计时效果"，导入素材"背景""过年啦"和"烟花"，以"背景"为尺寸创建序列。

02 在【项目】面板中右击选择【新建】-【透明视频】选项，对"透明视频"添加【时间码】效果，设置【位置】为960,537，【大小】为30%，【不透明度】为0%，如图 B06-82 所示。

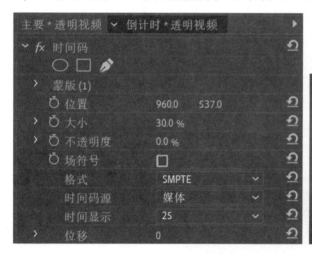

图 B06-82

03 在【时间码】效果属性中单击【自由绘制贝塞尔曲线】 🖊 绘制蒙版，只留下显示分、秒的计数区域，如图 B06-83 所示。

图 B06-83

04 调整"透明视频"的持续时间，使其到 11 秒时结束，留出 1 秒的时间用于转场，如图 B06-84 所示。

图 B06-84

05 选中"透明视频"，右击选择【嵌套】选项，将嵌套序列命名为"倒计时"；选中"倒计时"，右击选择【速度 / 持续时间】选项，选中【倒放速度】复选框，将视频倒放，即视频显示的时间码变成倒计时状态，如图 B06-85 所示。

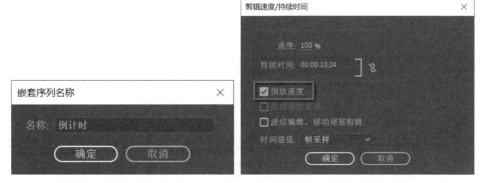

图 B06-85

06 按住 Shift 键的同时使用【椭圆工具】在监视器中绘制正圆，修改圆的外观，选中【描边】复选框，设置【描边】宽度为 65，修改"背景"与正圆的持续时间与"倒计时"相同，如图 B06-86 所示。

图 B06-86

07 在序列中选中"图形"，按住 Alt 键向上复制一层，修改【描边】颜色为黄色。

08 选择黄色图形，添加【视频效果】-【过渡】-【径向擦除】效果。设置【擦除】为【逆时针】，在 0 秒处添加【过渡完成】关键帧，参数设置为 100%；在 10 秒处添加【过渡完成】关键帧，参数设置为 0%，播放序列查看效果，如图 B06-87 所示。

图 B06-87

09 选择全部素材，右击选择【嵌套】选项，将嵌套序列命名为"计时结束"并拖曳至 V3 轨道。选中"计时结束"，在 10 秒处添加【不透明度】关键帧，在 11 秒处修改【不透明度】为 0%，制作消失动画，如图 B06-88 所示。

图 B06-88

10 导入素材"烟花"和"过年啦"分别拖曳至 V1、V2 轨道，如图 B06-89 所示。

图 B06-89

11 选中"过年啦"，制作简单的缩放入场动画，如图 B06-90 所示。

图 B06-90

12 这样一个倒计时效果就制作完成了，播放序列查看效果，如图 B06-91 所示。

图 B06-91

B06.4 实例练习——模拟镜像空间

操作步骤

01 新建项目"镜像空间"，导入素材"城市鸟瞰图"并拖曳至【时间轴】面板创建序列。

02 调整"城市鸟瞰图"的【位置】参数，使水平线靠近屏幕底部，如图 B06-92 所示。

素材作者：Dan Dubassy

图 B06-92

03 选中"城市鸟瞰图"，右击选择【嵌套】选项，创建嵌套序列，嵌套的作用是还原当前剪辑的【位置】参数，方便后面对其添加效果，如图 B06-93 所示。

图 B06-93

04 选中"嵌套序列 01",添加【镜像】效果,设置【反射角度】为 -90°,这样一个镜像空间就制作完成一半了,效果如图 B06-94 所示。

图 B06-94

05 继续添加【镜像】效果,设置【反射角度】为 135°,【反射中心】为 1310,1310,如图 B06-95 所示。

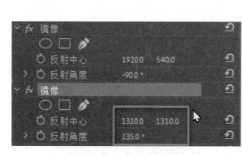

图 B06-95

06 再次添加【镜像】效果,设置【反射角度】为 90°,【反射中心】为 1029,540,如图 B06-96 所示。

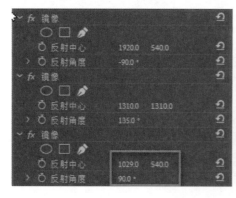

图 B06-96

07 最后一次添加【镜像】效果,设置【反射中心】为 964,540,如图 B06-97 所示。

08 这样一个四面镜像的空间就制作完成了,播放序列查看效果,如图 B06-98 所示。

图 B06-97

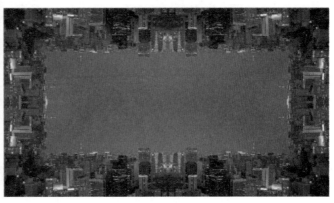

图 B06-98

B06.5 实例练习——去除杂物或水印

操作步骤

01 新建项目"去除杂物或水印",导入素材"工厂"并拖曳至【时间轴】面板创建序列,如图 B06-99 所示,下面练习去除画面左上角的水印。

素材作者:Dan Dubassy
图 B06-99

02 选中"工厂",添加【中间值(旧版)】效果,在效果中使用蒙版将水印部分圈住,设置【蒙版羽化】为 50,如图 B06-100 所示。

图 B06-100

03 设置【半径】为 90，视频中的水印就被去除掉了，如图 B06-101 所示。【中间值（旧版）】效果的原理是用区域周围的像素进行填充处理，在去除纯色区域静态水印时效果非常好，在处理一些复杂水印时则需要使用其他方法。

图 B06-101

04 这样水印就去除完成了，前后对比效果如图 B06-102 所示。

处理前   处理后

图 B06-102

B06.6 综合案例——模拟镜头运动

本综合案例完成效果如图 B06-103 所示。

素材作者：Edgar Fernández

图 B06-103

操作步骤

01 新建项目"模拟镜头运动",导入准备好的素材。拖曳"摩托车手1"至【时间轴】面板创建序列,再将后面四个视频全部放至序列上。播放序列可以看到除了素材"摩托车手1"带有镜头运动外,其他四个素材都是镜头静止不动的,下面为这几个视频制作模拟镜头运动的效果。

02 选中"摩托车手2",添加【裁剪】效果,如图B06-104所示。

图 B06-104

03 在【效果控件】面板中展开【裁剪】效果属性,选中【缩放】复选框,在素材入点添加【右侧】与【底部】关键帧并设置参数都为20%;将指针向右移动2秒左右,添加【右侧】与【底部】关键帧并设置参数都为0%,如图B06-105所示。

图 B06-105

04 观察效果可以发现,画面产生了类似镜头运动的效果,如图B06-106所示。

图 B06-106

图 B06-106（续）

05 播放序列发现镜头运动太过僵硬,框选关键帧右击,选择【贝塞尔曲线】选项设置关键帧类型,如图B06-107所示。

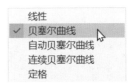

图 B06-107

06 为了使效果更逼真,展开【运动】效果属性,设置【缩放】为120%。在素材入点与第二个关键帧处分别添加【位置】关键帧,使视频做从右向左的位移动画,如图B06-108所示。

图 B06-108

07 播放素材"摩托车手3"发现视频的镜头有很明显的抖动,添加【变形稳定器】效果,单击【分析】按钮,如图B06-109所示。播放序列观察效果,镜头抖动问题有很大改善。

图 B06-109

08 观察视频中的人物，发现人物在第 5 秒处向左侧走出镜头，用同样的步骤，为"摩托车手 3"创建镜头向左运动效果。添加【裁剪】效果，在视频第 5 秒处添加【顶部】【右侧】关键帧。添加【位置】关键帧，将画面移至最左侧。

09 向右移动指针，在视频出点设置【顶部】为 16%，【右侧】为 40%，框选关键帧右击，选择【贝塞尔曲线】选项，如图 B06-110 所示。

图 B06-110

10 调整"摩托车手 3"【缩放】参数为 110，制作位置从左向右的关键帧动画，如图 B06-111 所示。

图 B06-111

11 继续为"摩托车手 4"添加镜头运动效果。添加【裁剪】效果，在视频 1 秒处添加【右侧】关键帧并设置参数为 45%，添加【底部】关键帧并设置参数为 35%，如图 B06-112 所示。

图 B06-112

12 将指针向右移动 3 秒，添加【右侧】和【底部】关键帧，设置参数都为 0%，选择全部关键帧右击选择【贝塞尔曲线】选项。

13 继续为"场景"素材制作镜头运动效果。添加【裁剪】效果，添加【右侧】和【底部】关键帧，向右移动指针，设置【右侧】参数为 45%，【底部】参数为 20%。

14 为使镜头方向停留数秒再返回原始位置，向右移动指针，添加【右侧】和【底部】关键帧，不改变任何参数。然后框选最开始的关键帧，右击选择【复制】选项，继续向右移动指针，粘贴关键帧，如图 B06-113 所示。

图 B06-113

15 在【项目】面板中右击，选择【新建项目】-【调整图层】选项，将调整图层拖曳至 V2 轨道，并拖动手柄将其与"场景"素材对齐，如图 B06-114 所示。

图 B06-114

16 为"调整图层"添加【镜头扭曲】效果，调整【曲率】为 -30，效果如图 B06-115 所示。至此，模拟镜头运动的效果就制作完成了，播放序列可以看到镜头都已经有了运动效果，不是原来静止的镜头了。

图 B06-115

本综合案例完成效果如图 B06-116 所示。

素材作者：Marco López

图 B06-116

操作步骤

01 新建项目"手绘文字"，导入素材"背景"，拖曳素材到【时间轴】面板创建序列。

02 执行【文件】-【新建】-【旧版标题】命令，命名为"手绘文字"，单击【确定】按钮。

03 双击【项目】面板中的标题文字，打开字幕编辑窗口，如图 B06-117 所示。

图 B06-117

04 使用【路径文字工具】 ✍ 绘制曲线，输入"手绘文字"，设置字体为【站酷快乐体】，如图B06-118所示。

图 B06-118

05 在右侧栏中设置【填充类型】为【线性渐变】，【颜色】为渐变黄色，选中【阴影】复选框，简单制作文字的样式效果，如图B06-119所示。

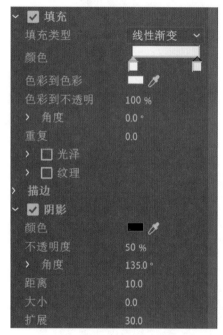

图 B06-119

06 关闭字幕编辑窗口，将"手绘文字"拖曳至V2轨道，与背景持续时间对齐。

07 在【项目】面板中新建"调整图层"并拖曳至V3轨道，与"手绘文字"持续时间对齐。

08 选中"调整图层"，添加【书写】效果，设置【画笔大小】为20，【画笔间隔】为0.02，添加【画笔位置】关键帧，如图B06-120所示。

09 使用右方向键，每隔3～5帧移动画笔位置，沿文字绘制路径，路径必须将文字全部覆盖，如图B06-121所示。

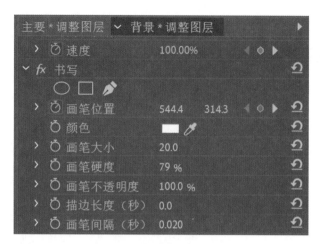

图 B06-120

图 B06-121

10 绘制完成一个文字后，再次添加【书写】效果，其他参数与第9步相同，再次绘制其他三个文字，直到四个文字绘制完成，效果如图B06-122所示。

图 B06-122

11 选中"手绘文字"，为其添加【轨道遮罩键】效果，设置【遮罩】为【视频3】，【合成方式】为【亮度遮罩】，播放序列查看效果，即可看到文字沿着刚刚绘制的路径被手写出来。这样"手绘文字"就制作完成了，效果如图B06-123所示。需要注意的是，制作过程中要耐心绘制文字路径，且路径必须将文字全部遮盖。

图 B06-123

B06.8 综合案例——纸牌飞出动画

本综合案例完成效果如图 B06-124 所示。

素材作者：Edgar Fernández

图 B06-124

操作步骤

01 新建项目"纸牌飞出动画"，导入准备好的素材，拖曳图片"1""背面"至【时间轴】面板创建序列。

02 选中"1"，右击选择【速度 / 持续时间】选项，设置【持续时间】为 7 秒，如图 B06-125 所示。

图 B06-125

03 选择"1"，添加【基本 3D】效果，在入点处添加【位置】【缩放】【旋转】等关键帧，记录动画开始时的设置，设置【缩放】为 0，如图 B06-126 所示。

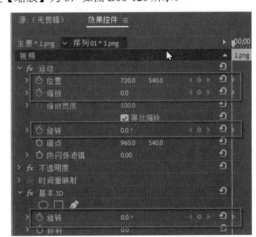

图 B06-126

04 将指针拖曳至 2 秒处，设置【位置】为 1148,783，【缩放】为 100，【旋转】为 171°，将图片调整到如图 B06-127 所示位置，设置【基本 3D】效果属性中的【旋转】为 1x0°。

图 B06-127

图 B06-127（续）

05 移动指针到 6 秒处再次添加关键帧，略微改变参数设置，使图片缓动，具体参数如图 B06-128 所示。

图 B06-128

06 播放序列查看效果，发现动画过程太过僵硬，框选所有关键帧，右击选择【临时插值】-【贝塞尔曲线】选项，改变关键帧的速度，关键帧图标变成漏斗状，如图 B06-129 所示。

07 将"背面"拖曳至 V2 轨道修改持续时间为 6 秒。复制"1"，选中"背面"右击选择【粘贴属性】选项，单击【确定】按钮，发现"背面"此时完全和"1"重合。

08 观察"1"的运动轨迹，使用【剃刀工具】在图片与屏幕垂直时切割图片，如图 B06-130 所示。

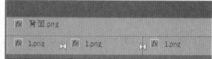

图 B06-129　　　　　　图 B06-130

09 想象纸牌运动的实际场景，改变图层的上下顺序，使纸牌旋转接近实际转动情况，如图 B06-131 所示，这样纸牌的旋转动画就比较真实了。选中所有剪辑，右击选择【嵌套】选项，命名为"纸牌 1"，下面继续为其他纸牌制作转动动画。

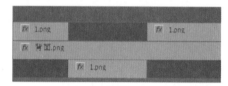

图 B06-131

10 拖动图片"2"，设置【持续时间】为 7 秒，添加【基本 3D】效果，在入点处添加【位置】【缩放】【旋转】等关键帧，设置【缩放】为 0，如图 B06-132 所示。

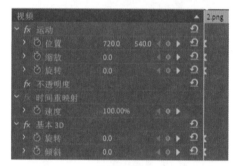

图 B06-132

11 移动指针至 2 秒处，设置【位置】为 168,354，【缩放】为 100，【旋转】为 19°，将图片调整到如图 B06-133 所示位置，设置【基本 3D】效果属性中的【旋转】为 1x12°，【倾斜】为 -41°。

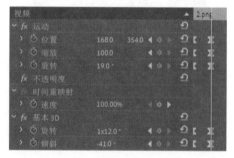

图 B06-133

图 B06-133（续）

12 移动指针至 6 秒处，略微调整参数设置，使图片缓动，如图 B06-134 所示。

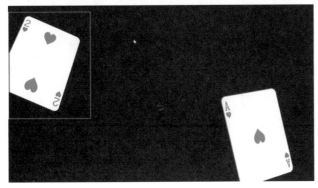

图 B06-134

13 框选所有关键帧，右击选择【临时插值】-【贝塞尔曲线】选项，改变关键帧的速度。

14 在【项目】面板中将"背面"拖曳至 V3 轨道，复制图片"2"，选中"背面"，右击选择【粘贴属性】选项，单击【确定】按钮，将纸牌背面与正面重合。

15 观察图片运动轨迹，按 C 键使用【剃刀工具】，分

别在纸牌与屏幕垂直时添加编辑点，并改变图层上下顺序，如图 B06-135 所示。

图 B06-135

16 选中所有"背面""2"，右击选择【嵌套】选项，命名为"纸牌 2"。

17 下面依次为图片"3""4""5""6"添加动画并创建嵌套序列，最终效果如图 B06-136 所示。

图 B06-136

18 导入素材"背景"，将其拖曳至所有纸牌下方，这样一个模拟 3D 旋转的纸牌飞出动画就制作完成了，效果如图 B06-137 所示。可以尝试自己实拍一段视频制作魔术卡牌效果，会更加有趣！

图 B06-137

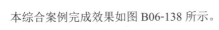

B06.9　综合案例——描边弹出动画

本综合案例完成效果如图 B06-138 所示。

素材作者：Mixkit

图 B06-138

操作步骤

01 新建项目文件"描边弹出动画"，新建序列，选择预设【AVCHD 1080p30】。在【项目】面板中导入视频素材"骑自行车"，将其拖曳到【时间轴】面板的视频轨道中。

02 选中"骑自行车"，剪辑出要制作动画的片段，按住 Alt 键拖曳至 V2 轨道复制一层，将其重命名为"描边"。

03 选中"描边"，添加【视频效果】-【风格化】-【查找边缘】效果，在【效果控件】面板中选中【反选】复选框，效果如图 B06-139 所示。

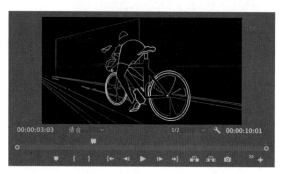

图 B06-139

04 选中"描边"，添加【视频效果】-【颜色校正】-【色彩】效果。

05 在【效果控件】面板中设置【混合模式】为【线性减淡（添加）】，这样描边就制作完成了，如图 B06-140 所示。

图 B06-140

06 下面制作弹出动画。选中"描边"，添加【视频效果】-【扭曲】-【变换】效果。在【效果控件】面板中的【变换】效果属性下添加【缩放】关键帧，制作放大效果。

07 将【缩放】关键帧插值调整为【缓入】【缓出】，调节贝塞尔曲线，如图 B06-141 所示。

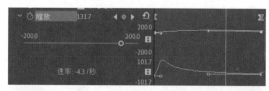

图 B06-141

08 丰富弹出动画的效果。添加【不透明度】关键帧，制作淡入、淡出的效果，取消选中【使用合成的快门角度】复选框，增加动态模糊效果，如图 B06-142 所示。

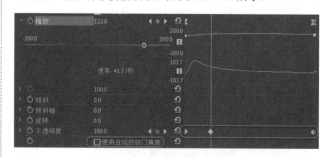

图 B06-142

09 改变"描边"颜色，使效果更有立体感。对"描边"添加【色彩】效果，调整【将白色映射到】的颜色，可根据个人喜好选择。这样描边弹出动画就制作完成了，播放序列查看效果，如图 B06-143 所示。

图 B06-143

B06.10 综合案例——晃动眩晕效果

本综合案例完成效果如图 B06-144 所示。

素材作者：Ruben Velasco

图 B06-144

操作步骤

01 新建项目文件"晃动眩晕效果"，新建序列，选择预设【AVCHD 1080p30】。

02 在【项目】面板中导入视频素材"科幻感人物"，将其拖曳到【时间轴】面板的视频轨道中；新建"调整图层"并拖曳至 V2 轨道。

03 选中"调整图层"，添加【视频效果】-【风格化】-【彩色浮雕】效果；观察素材"科技感人物"，在合适位置调整【效果控件】面板中的【方向】参数，添加【起伏】和

【对比度】关键帧，调整【与原始图像混合】参数，效果如图 B06-145 所示。

图 B06-145

04 选中"调整图层"，添加【视频效果】-【调整】-【光照效果】；在图像左上方和右下方处添加两个【点光源】并调整"灯光效果"，添加【强度】关键帧，效果如图 B06-146所示。

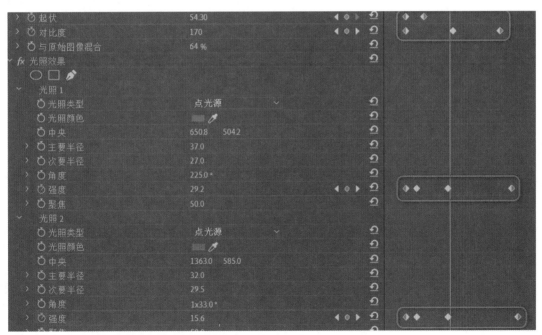

图 B06-146

图 B06-146（续）

05 观察发现画面偏暗，再添加一个【全光源】，注意调整参数时画面不要过分曝光，效果如图 B06-147 所示。

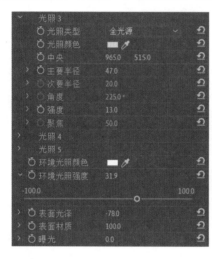

图 B00-147

06 眩晕效果基本制作完成，下面添加晃动效果，使画面更加丰富。对"调整图层"添加【视频效果】-【扭曲】-【变换】效果；在【效果控件】面板的【变换】效果属性下添加【旋转】关键帧，调整关键帧插值为【缓入缓出】丰富效果，配合画面添加【缩放】关键帧并调整参数，如图 B06-148 所示。

07 添加【位置】关键帧，制作左右晃动的效果，取消选中【使用合成的快门角度】复选框，增加动态模糊效果。

08 这样晃动眩晕效果就制作完成了，播放序列查看效果，如图 B06-149 所示。

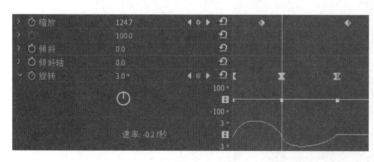

图 B06-148

图 B06-149

B06.11　综合案例——制作水墨图画

本综合案例完成效果如图 B06-150 所示。

素材作者：Marco López

图 B06-150

操作步骤

01 新建项目"制作水墨图画"，导入素材"山川"并拖曳至【时间轴】面板创建序列。

02 对"山川"添加【色彩】效果将视频变为黑白色，如图 B06-151 所示。

图 B06-151

03 添加【阴影/高光】效果，调整参数设置，如图 B06-152 所示。

图 B06-153

06 为了提高对比度，在【不透明度】效果属性中调整【混合模式】为【滤色】，如图 B06-154 所示。

图 B06-154

07 将指针移动到 8 秒处，导入素材"文字"，拖曳至 V3 轨道指针处，添加【不透明度】关键帧，设置参数为 0%；将指针移动到 10 秒处，修改【不透明度】为 100%，如图 B06-155 所示。

04 按住 Alt 键的同时向上拖曳"山川"复制一层，将其重命名为"山川 2"。

05 为"山川 2"添加【高斯模糊】效果，设置【模糊度】为 6，效果如图 B06-153 所示。

⏱ 自动数量		☐
⏱ 阴影数量	100	
⏱ 高光数量	100	
⏱ 瞬时平滑（秒）	4.70	
⏱ 场景检测	☐	
更多选项		
⏱ 阴影色调宽度	100	
⏱ 阴影半径	30	
⏱ 高光色调宽度	50	
⏱ 高光半径	30	
⏱ 颜色校正	20	
⏱ 中间调对比度	0	
⏱ 减少黑色像素	8.45 %	

图 B06-152

图 B06-155

08 移动文字出点与"山川"对齐，这样水墨图画效果就制作完成了，播放序列查看效果，如图 B06-156 所示。

图 B06-156

B06.12 综合案例——制作变脸效果

本综合案例完成效果如图 B06-157 所示。

素材作者：kaazoom

图 B06-157

操作步骤

☑ 新建项目"变脸效果"，导入素材"男1""男2"并拖曳至【时间轴】面板创建序列。

☑ 在【效果】面板中找到【视频过渡】-【溶解】-【MorphCut】过渡效果，拖曳到两个图片剪辑之间，此时 Premiere Pro 会自动对两个图片进行分析，如图 B06-158 所示。

图 B06-158

☑ 分析结束后，查看过渡效果会发现，画面中产生了很多不均匀的噪点，如图 B06-159 所示。

☑ 在【项目】面板中新建"调整图层"，将其拖曳至 V2 轨道，如图 B06-160 所示。

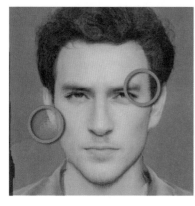

图 B06-159

图 B06-160

☑ 拖曳过渡左右任意两个端点，延长过渡的持续时间，如图 B06-161 所示。

☑ 对"调整图层"添加【蒙尘与划痕】效果，设置【半径】为10，【阈值】为1，效果如图 B06-162 所示。

图 B06-161

图 B06-162

07 这样一个变脸的效果就制作完成了，播放序列查看效果，如图 B06-163 所示。

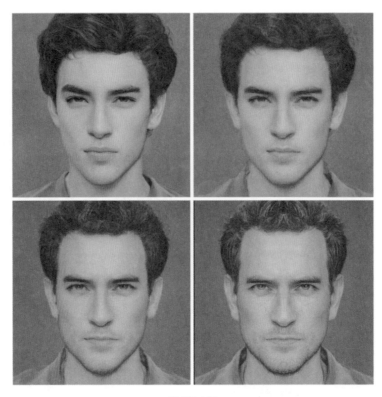

图 B06-163

B06.13　综合案例——3D 投影效果

本综合案例完成效果如图 B06-164 所示。

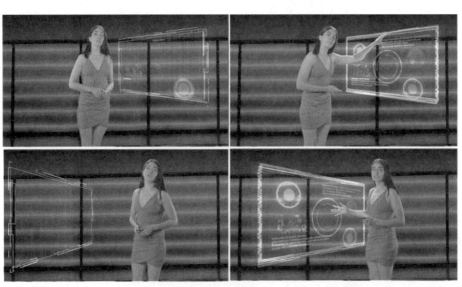

素材作者：Mario Arvizu

图 B06-164

操作步骤

01 新建项目"3D投影效果",导入素材"背景"并拖曳至【时间轴】面板创建序列,导入"HUD素材"并拖曳至V2轨道,导入"解说员"并拖曳至V3轨道,将"背景"的持续时间拉长,如图B06-165所示。

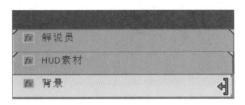

图 B06-165

02 播放"解说员"发现没有开始的手势,右击选择【速度/持续时间】选项,修改【速度】为-100%,如图B06-166所示。

图 B06-166

03 选中"解说员",添加【超级键】效果,使用【吸管工具】吸取画面中的绿色部分,将背景抠除,效果如图B06-167所示。

图 B06-167

04 选中"HUD素材",设置【缩放】为30;在0秒处添加【位置】关键帧,设置参数为1080,410;移动指针到25帧处,调整【位置】为1300,410,如图B06-168所示。

图 B06-168

05 对"HUD素材"添加【基本3D】效果;移动指针到0秒处,添加【旋转】关键帧;移动指针到25帧处,调整【旋转】为30°,如图B06-169所示。

图 B06-169

06 选中"解说员",移动指针到8秒19帧处,人物有一个转身动作,添加【位置】关键帧,添加【基本3D】中的【旋转】关键帧,如图B06-170所示。

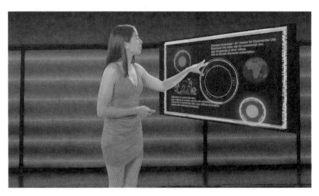

图 B06-170

07 移动指针到9秒4帧处,人物转身动作结束,修改【位置】为2060,410,调整【基本3D】中的【旋转】为70°,这时"HUD素材"从画面右侧消失。

08 跟随人物动作,制作"HUD素材"从左侧进入的入场动画。在【项目】面板中选中"HUD素材"拖曳至9秒4帧处,如图B06-171所示。

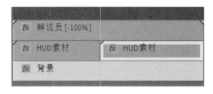

图 B06-171

09 添加【基本3D】效果,移动指针到9秒4帧处,设置【旋转】为-90°；移动指针到10秒7帧处，修改【旋转】为-35°，如图B06-172所示。

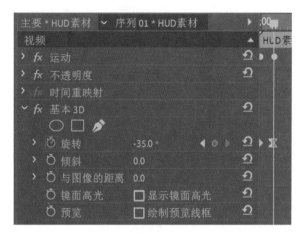

图 B06-172

图 B06-173

⑩ 移动指针到9秒4帧处，设置【位置】为-200,540；移动指针到10秒7帧处，修改【位置】为800,540，完成"HUD素材"的入场动画，如图B06-173所示。

⑪ 选中"HUD素材"设置【混合模式】为【线性减淡（添加）】，素材变为蓝色半透明效果，如图B06-174所示。

⑫ 这样一个3D投影效果就制作完成了，播放序列查看效果，如图B06-175所示。

图 B06-174

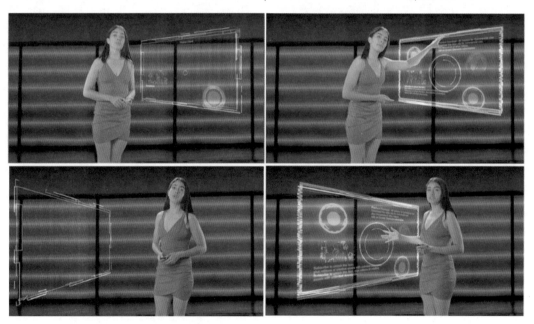

图 B06-175

B06.14 作业练习——水滴转场效果

本作业源素材和完成效果参考如图B06-176所示。

水滴　　　　　　科幻感人物　　　　　　跳舞

源素材

素材作者：Francisco Fonseca、Ruben Velasco

完成效果参考

图 B06-176

作业思路

新建项目，导入素材"科幻感人物""水滴""跳舞"。在人物眨眼后插入"跳舞"视频，在视频中间添加【交叉溶解】过渡效果，在过渡过程中使用调整图层，添加【湍流置换】效果，在过渡过程中使用"水滴"视频，调整【混合模式】，这样一个水滴转场效果就制作完成了。

B06.15　作业练习——制作跟踪马赛克效果

本作业源素材和完成效果参考如图 B06-177 所示。

源素材　　　　　　　　　　　　　　　　完成效果参考

素材作者：Edgar Fernández

图 B06-177

作业思路

　　新建项目，添加【马赛克】效果，使用效果中的蒙版在人物脸部创建椭圆形蒙版。单击【向前跟踪所选蒙版】按钮，等待蒙版跟踪进度条结束。

B06.16　作业练习——制作唯美滤镜

本作业源素材和完成效果参考如图 B06-178 所示。

源素材
素材作者：Edgar Fernández

完成效果参考
图 B06-178

作业思路

　　使用【颜色平衡（HLS）】和【RGB 曲线】效果为视频调色，单击【向前跟踪所选蒙版】按钮，等待蒙版跟踪进度条结束。

B06.17 作业练习——星空延时效果

本作业源素材和完成效果参考如图 B06-179 所示。

源素材

素材作者：Dan Dubassy

完成效果参考

图 B06-179

作业思路

使用【残影】效果，调整适合的参数，最后调整色调。

📖 **读书笔记**

B07课

影视调色
Lumetri调色系统

B07.1　Lumetri 范围面板

B07.2　Lumetri 颜色面板

B07.3　实例练习——调整寒冬色调

B07.4　实例练习——人物调色

B07.5　综合案例——海岸调色

B07.6　综合案例——清新滤镜效果

B07.7　综合案例——时间流逝效果

B07.8　综合案例——茂密山林

B07.9　作业练习——将黄昏调整为清晨

B07.10　作业练习——怀旧复古风

影视后期调色是影视制作工程中非常重要的环节，不同于胶片时代的所拍即所得，数码影像为后期调色提供了极大的操作空间。就像演员上台表演必须化妆一样，几乎所有的影视作品都要进行色彩调整，以完成画面的表达。比如用 Log 模式拍摄的视频，后期调色是硬性的需求，朴素的原片是不具备足够的视觉表现力的。

执行【窗口】-【工作区】-【颜色】命令，切换到【颜色】工作区，在界面中可以找到【Lumetri 范围】面板和【Lumetri 颜色】面板，如图 B07-1 所示。本课就来介绍 Premiere Pro 强大的 Lumetri 调色系统。

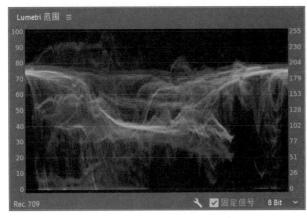

图 B07-1

B07.1　Lumetri 范围面板

【Lumetri 范围】面板中包含一系列图像分析工具。当人们观察两种相近的颜色时，感官会受到其中一种颜色的影响，使人对颜色的判断出现偏差，显示器的不同也会导致颜色的色相、亮度等出现偏差。为了避免这种情况，Premiere Pro 采用视频示波器对颜色进行处理，用户能够客观并准确地对颜色进行测量、调整。

1. 波形

【Lumetri 范围】面板中默认显示的是波形图，如图 B07-2 所示。

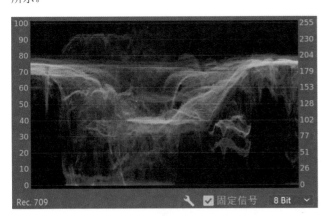

图 B07-2

波形图中显示的是当前时间图像中的所有像素，波形

图的左侧纵坐标表示亮度 1 ～ 100，右侧纵坐标表示颜色强度 0 ～ 255。像素越亮或颜色强度越高，像素在波形图中的位置越高。横向坐标与画面像素位置横向坐标等同。

在【Lumetri 范围】面板中右击选择【波形类型】选项，可以改变波形的显示类型，如图 B07-3 所示。

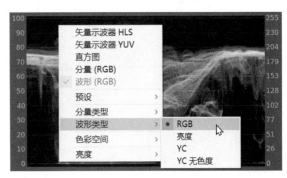

图 B07-3

◇ 【RGB】：显示 R、G、B 颜色像素。
◇ 【亮度】：显示像素 IRE 值，可以观察到两侧刻度值会改变。
◇ 【YC】：用绿色显示图像亮度，用蓝色显示图像色度。
◇ 【YC 无色度】：只显示亮度，不显示色度。

波形图可以提供客观的颜色信息，用来了解画面中像素的敏感程度，专业的影视机构都有自己的一套标准，波形图可以用于检查当前的图像是否符合标准。

2. 矢量示波器 HLS

在【Lumetri 范围】面板中右击选择【矢量示波器 HLS】选项，再次右击选择【波形（RGB）】选项，将其取消显示，如图 B07-4 所示，它显示的是图像中色相、亮度、饱和度的信息。圆形表盘的圆周代表了色相环，圆心到边缘代表饱和度强度，灰度代表亮度。

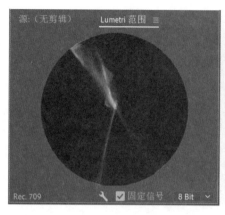 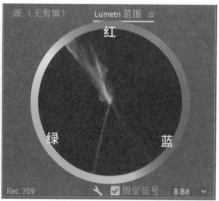

图 B07-4

3. 矢量示波器 YUV

单击【Lumetri 范围】面板底部的【设置】 按钮，选择【预设】-【矢量示波器 YUV】选项，如图 B07-5 所示。

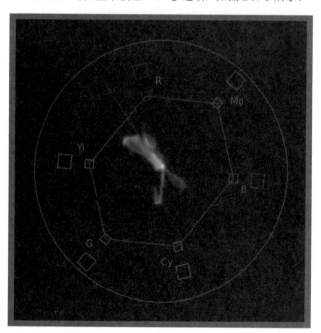

图 B07-5

它显示的是图像中的色相和饱和度信息，与【矢量示波器 HLS】类似，图像中的像素颜色饱和度越高，越接近圆形边缘；颜色饱和度越低，越接近圆形中心。双击【矢量示波器 YUV】可以将视图放大 2 倍，便于观察矫正颜色时的变化情况，实现更精确的调整。

在示波器中有 6 个颜色代表字母：R（红）、G（绿）、B（蓝）、Yl（黄）、Cy（青）、Mg（洋红）。每种颜色有两个方框，较小的内框表示 75% 饱和度，代表 YUV 的颜色空间；较大的外框表示 100% 饱和度，代表 RGB 颜色空间，如图 B07-6 所示。

图 B07-6

内框连接起来的区域是饱和度安全区域，如果颜色超出此区域，某些设备可能无法完整、正确地显示此部分色彩。

示波器中还有两条交叉线："-i"线代表 In-phase，是从橙色到青色；"Q"线代表 Quadrature-phase，是从紫色到黄绿色。

在【项目】面板中新建"HD 彩条"，此时查看【矢量示波器 YUV】，波形会完美地匹配每个色框，如图 B07-7 所示，这就是传统电视的色彩校正的标准。

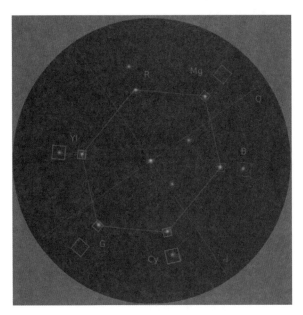

图 B07-7

4. 分量 RGB

单击【Lumetri 范围】面板底部的【设置】按钮,选择【预设】-【分量 RGB】选项,如图 B07-8 所示。

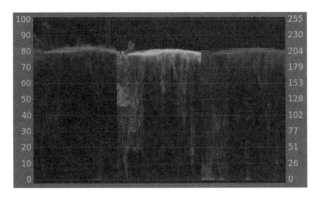

图 B07-8

【分量 RGB】可以把红色、绿色、蓝色三种颜色并列展示。右击选择【分量类型】选项,可以看到分量的不同类型,如图 B07-9 所示。

图 B07-9

如果要显示多个范围图,可以右击选择【预设】选项,在其中选择需要的范围图即可,如图 B07-10 所示。

图 B07-10

B07.2 Lumetri 颜色面板

【Lumetri 颜色】面板中有大量的颜色调整控件,在【效果】面板中也可以找到【Lumetri 颜色】效果,它与【Lumetri 颜色】面板是绑定的,调节任意参数都可以在【效果控件】面板中看到参数同步改变。

如果选择视频,直接在【Lumetri 颜色】面板中调节任意参数,可以看到【效果控件】面板中自动添加了【Lumetri 颜色】效果。

在【Lumetri 颜色】面板的下拉菜单中选择【添加 Lumetri 颜色效果】选项,可以为视频添加新的效果,如图 B07-11 所示。

图 B07-11

在【效果控件】面板中也会自动生成新的【Lumetri 颜色】效果,右击效果选择【重命名】选项,可以为新效果设置新名称,如图 B07-12 所示。

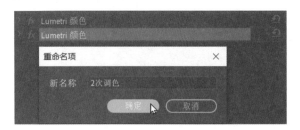

图 B07-12

【Lumetri 颜色】面板中包含 6 种效果选项，如图 B07-13 所示。

图 B07-13

选项后面都有一个复选框，选中或者取消选中可以对比调整效果。

1. 基本校正

【基本校正】提供了最常见的摄影学调整参数，可以手动调节【色温】【对比度】【阴影】等，如图 B07-14 所示。

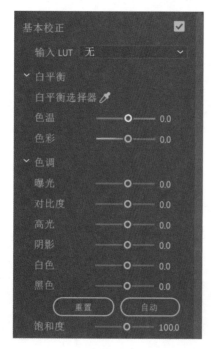

图 B07-14

也可以在【输入 LUT】中选择预设或外部 LUT 文件，快速调整视频的基础颜色，如图 B07-15 所示，然后在基础 LUT 效果上继续细化调整。

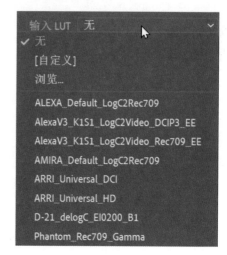

图 B07-15

如果不知道怎样做调整，还可以单击底部的【自动】按钮，让 Pemiere Pro 自动进行处理。

2. 创意

打开【创意】选项栏，可以通过选择 Look（颜色外观）预设为视频添加各种调色预设，如图 B07-16 所示。

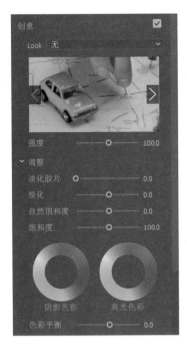

图 B07-16

在预览窗口中可以单击左、右箭头按钮，预览应用预设后的效果，如果效果合适，单击预览窗口就会将预设应用到视频上。窗口下方的【强度】用来控制效果的强弱，按住底部的色轮并移动鼠标，可以调节【阴影色彩】或【高光色彩】。

3. 曲线

【曲线】选项栏中包含 RGB 曲线、色相饱和度曲线两种曲线，如图 B07-17 所示。

图 B07-17

可以单独调整 R、G、B 通道或者单独调整某颜色的色相，不改变其他颜色。

◆ 【添加控制点】：单击曲线上的任意位置添加控制点，调节点的上下位置来改变颜色。

◆ 【删除控制点】：按住 Ctrl 键的同时单击曲线上的控制点，可以删除控制点。

◆ 【重置曲线】：在曲线图任意位置双击，即可还原曲线。

关于曲线的详细知识，请参阅本系列丛书之《Photoshop 中文版从入门到精通》一书的 A24 课。

4. 色轮和匹配

在这个选项栏中可以使用【比较视图】按钮，为序列上的视频匹配统一的色调，如图 B07-18 所示。

图 B07-18

首先调整一段剪辑的颜色，控制三个色轮分别调节【中间调】【阴影】【高光】颜色，或者上下移动滑块调整亮度，如图 B07-19 所示。

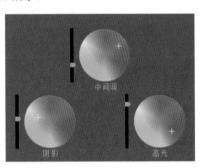

图 B07-19

然后将指针移动到目标剪辑，单击【应用匹配】按钮，Premiere Pro 将自动进行调色，与当前视频匹配。

5. HSL 辅助

HSL 辅助可以深度调整画面中指定范围内颜色的色相、饱和度、亮度，如图 B07-20 所示。

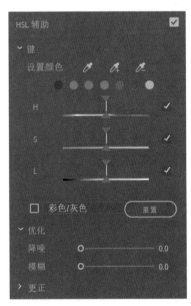

图 B07-20

展开【键】选项，可以使用【吸管工具】吸取画面中的同色系的区域。

在使用【吸管工具】吸取画面中的颜色时，按住 Ctrl 键会使吸管变粗 ✐，吸管将在光标处 5×5 像素范围内进行平均采样，这样可以更快地完成色彩取样。

取样范围可以选中【彩色 / 灰色】复选框来进行查看，比如用【吸管工具】吸取视频中的红色图钉，则可以预览取样后的情况，如图 B07-21 所示。

图 B07-21

取样后在下面可以分别调整色相、饱和度、亮度，调整这些参数并不会改变已取样的颜色，而是调整【吸管工具】吸取颜色的范围，移动小三角可以修改颜色范围，如图 B07-22 所示。

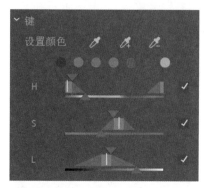

图 B07-22

展开【优化】选项，对取样范围内的颜色进行降噪、模糊，颜色会变得平滑。

接下来进入调整阶段，展开【更正】选项，对取样范围内的颜色进行深入调整，修改【色相】【色温】【色彩】【对

比度】等参数，如图 B07-23 所示。

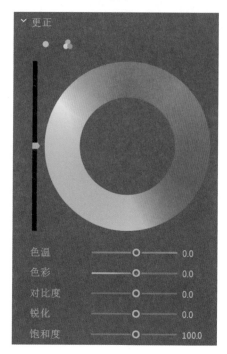

图 B07-23

6. 晕影

晕影就是在视频四角边缘添加暗影或亮斑，能够突出画面主要内容，增强故事感，如图 B07-24 所示。

图 B07-24

可以调节参数控制晕影效果，如图 B07-25 所示。

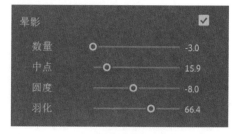

图 B07-25

B07.3 实例练习——调整寒冬色调

操作步骤

01 新建项目"调整寒冬色调"，导入素材"两个戴口罩的女孩"并拖曳至【时间轴】面板创建序列，素材如图 B07-26 所示。

图 B07-26

02 切换到【颜色】工作区，选中"两个戴口罩的女孩"，在【Lumetri 颜色】面板中展开【基本校正】选项栏，设置【色温】为 -100，【色彩】为 -30，【曝光】为 1.3，【对比度】为 50，【饱和度】为 65，如图 B07-27 所示。

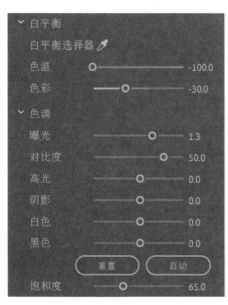

图 B07-27

03 展开【创意】选项栏，选择预设【SL IRON HDR】，调整【强度】为 140，如图 B07-28 所示。

04 展开【曲线】选项栏，在【RGB 曲线】中调整红色通道曲线与绿色通道曲线，如图 B07-29 所示。

图 B07-28

图 B07-29

05 这样原来的视频就变成了寒冬色调，调色前后对比效果如图 B07-30 所示。

调色前

调色后

图 B07-30

B07.4　实例练习——人物调色

操作步骤

01 新建项目"人物调色"，导入素材"女孩弹吉他"并拖曳至【时间轴】面板创建序列，素材如图 B07-31 所示。

图 B07-31

02 切换到【颜色】工作区，画面整体偏黄，选中"女孩弹吉他"，在【Lumetri 颜色】面板中展开【基本校正】选项栏，调整【色温】为 -36，【色彩】为 26，效果如图 B07-32 所示。

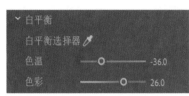

图 B07-32

03 调整【对比度】为 100，【高光】为 -30，【白色】为 -15，【黑色】为 -40，效果如图 B07-33 所示。

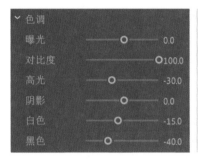

图 B07-33

04 展开【曲线】选项栏，调节 RGB 曲线与绿色通道曲线，如图 B07-34 所示。

05 调整【色相与饱和度】曲线，使用【吸管工具】吸取人物脸部的颜色，如图 B07-35 所示。

图 B07-34   图 B07-35

06 在曲线中生成 3 个点，将右侧点向上微移，提高饱和度，效果如图 B07-36 所示。

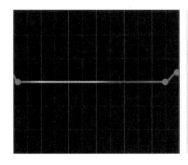

图 B07-36

07 执行同样操作调整【色相与亮度】曲线，使用【吸管工具】吸取脸部颜色提高亮度，如图 B07-37 所示。

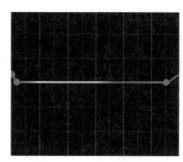

图 B07-37

08 展开【色轮和匹配】选项栏，调整【中间调】色轮，将滑块向上移动，如图 B07-38 所示。

图 B07-38

09 这样人物调色效果就完成了，调色前后对比效果如图 B07-39 所示。

调色前　　　　　　　　　　　　　　调色后

图 B07-39

B07.5　综合案例——海岸调色

本综合案例完成效果如图 B07-40 所示。

调色前　　　　　　　　　　　　　　调色后

图 B07-40

操作步骤

01 新建项目"海",导入素材并拖曳至【时间轴】面板创建序列,素材如图 B07-41 所示。

素材作者:Marco López

图 B07-41

02 选中"海",对其添加【视频效果】-【颜色校正】-【Lumetri 颜色】效果,如图 B07-42 所示。

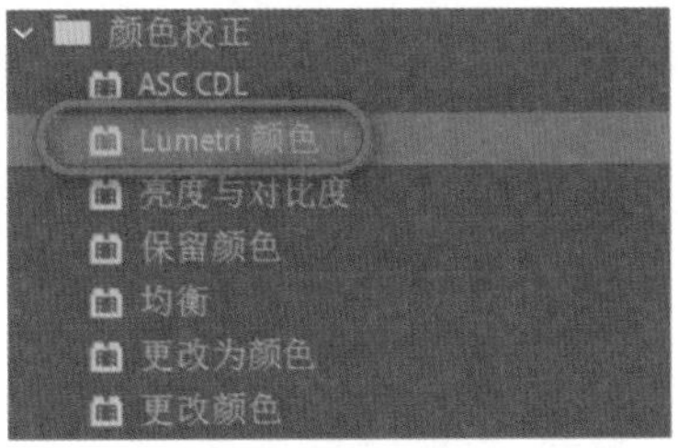

图 B07-42

03 在【效果控件】面板中找到【Lumetri 颜色】-【基本校正】-【色调】,调整其参数,如图 B07-43 所示。

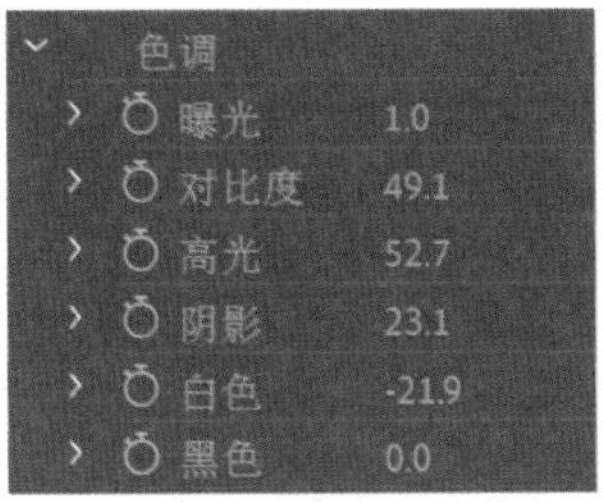

图 B07-43

04 调整【基本校正】-【白平衡】的基本参数,如图 B07-44 所示。

图 B07-44

05 展开【色轮和匹配】选项栏,调整【阴影】【高光】【中间调】色轮,如图 B07-45 所示。

图 B07-45

06 这样海岸调色效果就制作完成了,调色前后对比效果如图 B07-46 所示。

调色前

调色后
图 B07-46

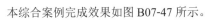

B07.6　综合案例——清新滤镜效果

本综合案例完成效果如图 B07-47 所示。

调色前　　　　　　　　　　　　　　　　　　调色后

图 B07-47

操作步骤

01 新建项目，导入素材"学生交流"并拖曳至【时间轴】面板创建序列。

02 打开【Lumetri 颜色】面板，调整偏黄色的画面，展开【基本矫正】选项栏，设置【色温】为 -77，【色彩】为 32，如图 B07-48 所示。

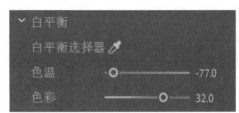

图 B07-48

03 调整人物身体和脸部颜色，增加对比度与阴影细节，调整【对比度】为 51，【高光】为 -100，【阴影】为 11，【饱和度】为 113，如图 B07-49 所示。

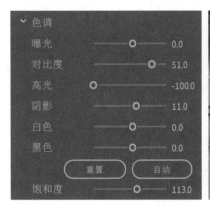

图 B07-49

04 展开【创意】选项栏，选择预设【Kodak 5218 Kodak 2383(by Adobe)】，调整【强度】为 118，【锐化】为 72，如图 B07-50 所示。

图 B07-50

05 展开【色轮】选项栏，调整【中间调】色轮提高亮度，如图 B07-51 所示。

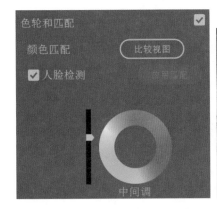

图 B07-51

06 在【效果】面板中找到【Magic Bullet Cosmo II】润肤磨皮插件，对人物进行磨皮。在【效果控件】面板中使用【自由绘制贝塞尔曲线】绘制蒙版，如图 B07-52 所示。

07 使用【吸管工具】吸取画面中人物皮肤颜色，调整【Selection Offset】为 25，【Selection Tolerance】为 65，如图 B07-53 所示。

图 B07-52

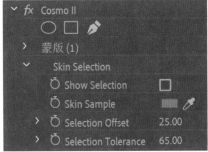

图 B07-53

08 这样清新滤镜效果就制作完成了，调色前后对比效果如图 B07-54 所示。

调色前   调色后

图 B07-54

B07.7　综合案例——时间流逝效果

本综合案例完成效果如图 B07-55 所示。

素材作者：Dan Dubassy

图 B07-55

操作步骤

01 新建项目，导入素材"步行街"并拖曳至【时间轴】面板创建序列。选中"步行街"，右击选择【速度 / 持续时间】选项，将【速度】调整为 200%，如图 B07-56 所示。

02 选中"步行街"，添加【Lumetri 颜色】效果，展开【RGB 曲线】选项栏，将蓝色通道曲线向上调节，红色通道曲线向下调节，减少画面中的黄色，如图 B07-57 所示。

图 B07-56

图 B07-57

03 展开【色轮和匹配】选项栏，调节【中间调】和【高光】色轮，使画面色温趋于正常，如图 B07-58 所示。

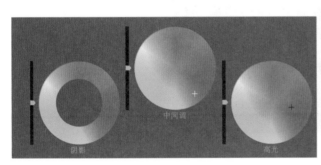

图 B07-58

04 选中"步行街"，添加【残影】效果，制作时间快速流逝的拖影效果，如图 B07-59 所示。

fx 残影	
◯ ▢ ✎	
❯ Ŏ 残影时间（秒）	-0.300
❯ Ŏ 残影数量	5
❯ Ŏ 起始强度	1.00
❯ Ŏ 衰减	0.80
Ŏ 残影运算符	最大值 ⌄

图 B07-59

05 选中"步行街"，按住 Alt 键向上拖曳至 V2 轨道复制一层，删除 V2 轨道上的剪辑"步行街"的【Lumetri 颜色】效果，如图 B07-60 所示。

图 B07-60

06 选择 V2 轨道上的剪辑，添加【色彩】效果，将指针移动到 1 秒处，添加【着色量】关键帧；将指针移动到 3 秒处，修改【着色量】为 0%，自动创建关键帧，如图 B07-61 所示。

图 B07-61

07 选择 V2 轨道上的剪辑，添加【亮度与对比度】效果，将指针移动到 1 秒处，添加【亮度】与【对比度】关键帧；将指针移动到 0 秒处，修改【亮度】为 -100.0，【对比度】为 -82.0，自动创建关键帧，如图 B07-62 所示。

图 B07-62

08 选择 V2 轨道上的剪辑，将指针移动到 4 秒 15 帧处，添加【不透明度】关键帧；将指针移动到 8 秒处，修改【不透明度】为 0%，自动创建关键帧。

09 这样时间流逝效果就制作完成了，播放序列查看效果，如图 B07-63 所示。

图 B07-63

图 B07-63（续）

B07.8　综合案例——茂密山林

本综合案例完成效果如图 B07-64 所示。

调色前　　　　　　　　　　　　　　　　　调色后

素材作者：Marco López

图 B07-64

操作步骤

01 新建项目"茂密山林"，导入素材"山"并拖曳至【时间轴】面板创建序列。

02 切换到【颜色】工作区，画面整体偏黄。选中"山"，打开【Lumetri 颜色】面板的【HSL 辅助】-【键】选项，使用【吸管工具】尽量多地吸取山体颜色；调整【更正】选项，【中间调】为偏绿色，【高光】为偏蓝紫色，还原些山体的颜色，效果如图 B07-65 所示。

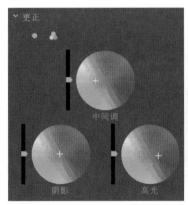

图 B07-65

03 观察到画面整体偏暗，展开【曲线】选项栏，调节 RGB 曲线与红色通道曲线，如图 B07-66 所示。

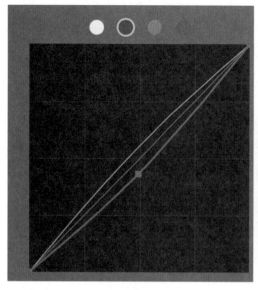

图 B07-66

04 调整细节，使画面更加完善。展开【基本校正】选项栏，调整【阴影】为 -20，【白色】为 8，【黑色】为 -10，使画面对比更加明显，效果如图 B07-67 所示。

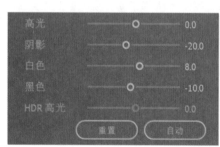

图 B07-67

05 这样茂密山林效果就制作完成了，调色前后对比效果如图 B07-68 所示。

调色前　　　　　　　　　　　　　　　调色后

图 B07-68

B07.9 作业练习——将黄昏调整为清晨

本作业源素材和完成效果参考如图 B07-69 所示。

素材作者: Mario Arvizu

源素材

完成效果参考

图 B07-69

作业思路

选择素材"人像",展开【Lumetri 颜色】面板的【基本校正】选项栏,找到【白平衡选择器】按钮,使用【吸管工具】吸取人物皮肤颜色,调整【色温】与【色彩】的参数,调整【色调】的参数,将画面调亮,将黄昏调整为清晨。

B07.10 作业练习——怀旧复古风

本作业源素材和完成效果参考如图 B07-70 所示。

源素材　　　　　　　　　　　完成效果参考

素材作者：Edgar Fernández

图 B07-70

作业思路

　　选择视频素材，打开【Lumetri 颜色】面板，调整【色温】参数将整体画面变黄；展开【曲线】选项栏，调整画面中的蓝色使其变为偏黄色；展开【晕影】选项栏在画面中添加暗影效果。

读书笔记

C 实战篇

综合案例 实战演练

本篇将通过实战操作提升读者的视频制作能力，需要综合前面所学到的知识，加上自己的创意，完成一系列复杂的案例。建议读者先根据操作步骤动手实践，再扫码观看视频了解详细操作过程，并举一反三，应用到实际工作中。本篇应重点学习案例的思路。

本综合案例完成效果如图 C01-1 所示。

素材作者：Dan Fador、Leslin_Liu、Jörg Vieli

图 C01-1

操作步骤

01 新建项目"随音乐卡点快闪视频",导入图片素材及音乐素材,创建序列,选择预设【AVCHD 1080p30】。

02 播放序列试听音乐,按 M 键对音乐有起伏的节奏点进行标记,本例准备了 20 张图片,所以在序列中添加 20 个标记,如图 C01-2 所示。

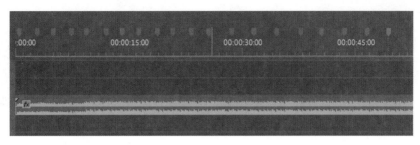

图 C01-2

03 将指针移动到 0 秒处,在【项目】面板中选择所有图片素材,单击【自动匹配序列】按钮,如图 C01-3 所示。

图 C01-3

04 在弹出的对话框中选择【在未编号标记】选项,单击确定,发现图片都已经添加到序列中,并且是按照标记的点进行卡点的,如图 C01-4 所示。

图 C01-4

05 选择第一张图片,在图片入点处添加【缩放】关键帧,出点处将缩放值改为 200,制作缩放动画。

06 复制第一张图片,然后框选其余所有图片,右击选择【粘贴属性】选项,在弹出的对话框中单击【确定】按钮。播放序列,可以看到图片随着音乐节奏切换,并且有缩放效果的动画,如图 C01-5 所示。

图 C01-5

07 使用这种方法可以非常快捷地完成音乐卡点视频，效果如图 C01-6 所示。如果想要制作更加丰富的动画效果，可以制作几种不同的效果，然后巧妙地使用【粘贴属性】，快速为其他图片制作动画。

图 C01-6

本综合案例完成效果如图 C02-1 所示。

素材作者：Edgar Fernández、Ruben Velasco

图 C02-1

操作步骤

01 新建项目"双重曝光"，导入素材并拖曳至【时间轴】面板，以"女孩"为尺寸新建序列，将"黄昏"拖曳至 V1 轨道作为背景。

02 选择"女孩"，拖曳至 V2 轨道并复制一层到 V3 轨道，重命名为"女孩 V3"，在【效果】面板的搜索栏输入"亮度与对比度"，添加该效果，设置【亮度】为 37，【对比度】为 100，效果如图 C02-2 所示。

图 C02-2

03 选择"女孩"，添加【轨道遮罩键】效果，设置【遮罩】为【视频 3】，【合成方式】选择【亮度遮罩】，选中【反向】复选框。

04 选择【轨道遮罩键】效果中的【钢笔工具】，绘制路径，选中【已反转】复选框，如图 C02-3 所示。

图 C02-3

05 框选"女孩""女孩 V3"，右击选择【制作子序列】选项，在【项目】面板中将其重命名为"子序列"，将"子序列"拖曳至 V4 轨道。

06 将"树林"拖曳至 V5 轨道，按 R 键使用【比率拉伸工具】，将"树林"的持续时间与"子序列"对齐，如图 C02-4 所示。

图 C02-4

07 选择"树林"，下面将抠除树林中的天空，添加【亮度与对比度】效果，设置【亮度】为 -63，【对比度】为 60。

08 继续添加【颜色键】效果，为方便查看效果，关闭 V4 下面所有轨道的可视化。用【吸管工具】吸取天空的颜色，调整【颜色容差】为 115，图像中的天空被抠除，效果如图 C02-5 所示。

图 C02-5

09 选中"子序列"，对其添加【轨道遮罩键】效果，设置【遮罩】为【视频 5】，效果如图 C02-6 所示。

图 C02-6

10 调整"树林"的位置，将树林的形状放至女孩的头顶，如图 C02-7 所示。

图 C02-7

11 为"树林"添加蒙版，保留头顶部分，隐藏其余部分，绘制路径如图 C02-8 所示。

图 C02-8

12 打开 V1 ～ V3 轨道的可视化查看效果，发现图层效果被覆盖，选择"女孩"绘制如图 C02-9 所示的蒙版，将女孩脸部抠出。

13 选择"女孩""女孩 V3""黄昏"，右击选择【嵌套】选项，将剪辑合并为序列。

14 复制"子序列"至 V3 轨道。将素材"建筑"放至 V2 轨道，设置【旋转】为 -90°，【缩放】为 90，调整位置如图 C02-10 所示。

图 C02-9   图 C02-10

15 选择"建筑"右击选择【嵌套】选项，选择"嵌套序列02"添加【轨道遮罩键】效果，效果设置遮罩为【视频3】。

16 选择"嵌套序列02"绘制蒙版，如图 C02-11 所示。

图 C02-11

17 选中"嵌套序列02"，对其添加【亮度与对比度】效果，将画面亮度降低。

18 调整"建筑"位置，双重曝光效果就制作完成了，如图 C02-12 所示。

图 C02-12

本综合案例完成效果如图 C03-1 所示。

图 C03-1

操作步骤

☑1 新建项目"场景文字",导入"背景"素材,创建序列【AVCHD 1080p30】。

☑2 选择"背景"设置【透明度】为 50%,添加【镜头光晕】效果。在 0 秒处设置【光晕中心】为 600,-100 并创建关键帧;移动指针至 6 秒处,设置【光晕中心】为 1700,-100,如图 C03-2 所示。

图 C03-2

☑3 在【项目】面板右击选择【新建项目】-【颜色遮罩】选项,颜色设置为灰色,将它作为地面,设置【位置】为 720,1300。

☑4 添加【粗糙边缘】效果,设置【边框】为 40,【边缘锐度】为 0,使边缘模糊,效果如图 C03-3 所示。

图 C03-3

05 执行【文件】-【新建】-【旧版标题】命令，命名为"清大文森"，输入文字"清大文森"，设置【字体大小】为166，选择【Arial Black gold】样式，如图C03-4所示。

06 将标题拖曳至序列，在入点处添加【位置】关键帧，参数设置为400,540。

07 移动指针至3秒处，修改【位置】为1000,540，制作"清大文森"字幕位移动画，如图C03-5所示。

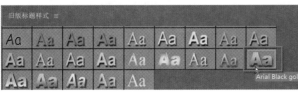

图 C03-4

图 C03-5

08 对字幕右击选择【嵌套】选项，这样的作用在于，如果在字幕上添加效果，在字幕运动时图像边界会出现穿帮，嵌套后新的序列位置属性不会有位置改变。

09 选择"嵌套序列01"，添加【视频效果】-【Trapcode】-【Shine】效果，设置【光芒长度】为13，【提升亮度】为11，【颜色模式】选择【单一颜色】并调整【颜色】为白色，【混合模式】选择【屏幕】，效果如图C03-6所示。

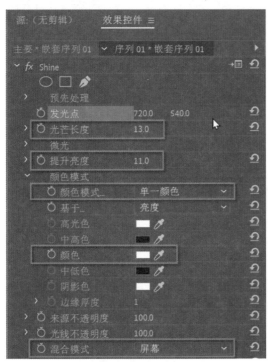

图 C03-6

10 找到【Shine】效果里面的【发光点】，在序列入点处添加【发光点】关键帧并设置参数为570,660，移动指针至6秒处修改参数为1080,660，如图C03-7所示。

11 导入"烟雾"素材，放至"嵌套序列01"上方的轨道，选择"嵌套序列01"添加【轨道遮罩键】效果，【遮罩】选择【视频4】，【合成方式】选择【亮度】。这样能表现出"烟雾"的纹理，效果如图C03-8所示。

图 C03-7

图 C03-8

⑫ 可以发现这时文字变得不清晰了，下面进行调整。选择"嵌套序列 01""烟雾"向上移动一个轨道，在【项目】面板中选择"嵌套序列 01"重新拖曳至 V3 轨道，如图 C03-9 所示。

⑬ 这样场景文字就制作完成了，效果如图 C03-10 所示。

图 C03-9

图 C03-10

本综合案例完成效果如图 C04-1 所示。

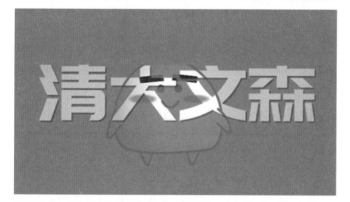

图 C04-1

操作步骤

01 新建项目"动画片头",导入提供的"豆包"图片素材,将图片全部选中拖曳至【时间轴】面板创建序列。

02 在【项目】面板中右击选择【新建项目】-【颜色遮罩】选项,颜色选择偏暗的红色,将其作为背景,如图 C04-2 所示。

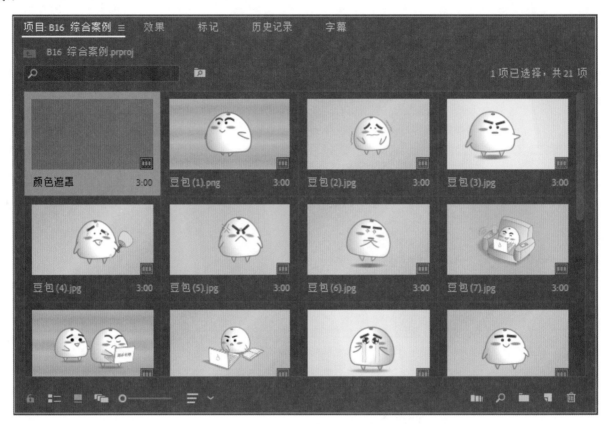

图 C04-2

03 框选序列中的所有图片,右击选择【速度/持续时间】选项,设置【持续时间】为 10 帧,选中【波纹编辑,移动尾部剪辑】复选框,单击【确定】按钮,如图 C04-3 所示。所有图片的持续时间都会变为 10 帧,且图片相连,不会产生间隙。

04 将所有图片复制一份放至 V3 轨道,将 V2 轨道中的图片全部向后拖曳 10 帧,与 V3 轨道的第二张图片对齐,如图 C04-4 所示。

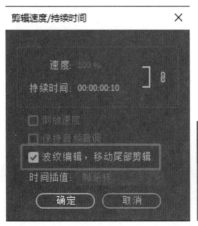

图 C04-3

图 C04-4

05 选择 V3 轨道的第一张图片，在图片出点添加【位置】关键帧，在图片入点处将【位置】设置为 960,-540，这样就完成了图片从上向下移动的关键帧动画。

06 添加【模糊与锐化】-【高斯模糊】效果，设置【模糊度】为 100，【模糊尺寸】选择【垂直】，如图 C04-5 所示。

07 复制 V3 轨道的第一张图片，选择轨道上的其余图片右击选择【粘贴属性】选项，单击【确定】按钮，为所有图片添加相同的位移动画和模糊效果。播放序列可以看到，这时已经完成了片头中的基本动画。

08 选中所有图片，右击选择【嵌套】选项，命名为"基本动画"，将"基本动画"向上复制一层，将 V2 轨道的嵌套重命名为"背景动画"，如图 C04-6 所示。

图 C04-5

图 C04-6

09 执行【文件】-【新建】-【旧版标题】命令，输入文字"清大文森"，设置【字体】为"庞门正道标题体"，【字体大小】为 300，设置文字水平居中、垂直居中，如图 C04-7 所示。

图 C04-7

10 将标题入点放至 V4 轨道 2 ～ 3 秒处，将旧版标题出点与嵌套序列对齐，如图 C04-8 所示。

图 C04-8

⑪ 为"字幕 01"制作动画，在字幕出现 2 秒后单击【缩放】秒表，记录原始关键帧，移动指针，在字幕入点处将【缩放】调整为 700，画面如图 C04-9 所示。

图 C04-9

⑫ 选择【缩放】关键帧，右击选择【自动贝塞尔曲线】选项，如图 C04-10 所示，将动画效果变得更舒缓。

图 C04-10

⑬ 选择"基本动画"，添加【轨道遮罩键】效果，设置【遮罩】为【视频 4】。

⑭ 将指针移动至字幕入点处，选择"背景动画"设置【不透明度】关键帧，2 秒后将【不透明度】设置为 0%。

⑮ 选择"基本动画"添加【亮度与对比度】效果，单击【亮度】与【对比度】关键帧，记录初始设置，2 秒后，调整【亮度】为 100，【对比度】为 -100，这样字幕变为白色，如图 C04-11 所示。

图 C04-11

16 选择"背景动画"，在文字缩放的过程中制作不透明度动画，将【不透明度】逐渐变为100%。

17 选择"基础动画"可以为其添加【投影】效果，使文字更加立体，这样动画片头就制作完成了，播放序列查看效果，如图 C04-12 所示。

图 C04-12

本综合案例完成效果如图 C05-1 所示。

素材作者：Marco López、Edgar Fernández、Yana

图 C05-1

操作步骤

01 新建项目"画面分屏效果"，导入素材并拖曳至【时间轴】面板创建序列。

02 选择音频"秘密特工"拖曳至音频轨道，使用【剃刀工具】将音频前面的部分去掉。

03 选择视频"背影"拖曳至V1轨道，右击选择【速度/持续时间】选项，设置【速度】为41%，将视频速度适当放慢，如图 C05-2 所示。

04 试听音乐节奏，在2秒左右插入视频"眼镜特写"，调整【位置】及【缩放】参数，如图 C05-3 所示。

图 C05-2   图 C05-3

05 选择"眼镜特写"，添加【线性擦除】效果，设置【擦除角度】为125°，添加【过渡完成】关键帧并修改参数为80%，此时视频在画面中消失。

06 按右方向键3次即向右移动3帧，修改【过渡完成】参数为30%，效果如图 C05-4 所示。

07 为视频"背影"添加【位置】关键帧，适当调节画面中人物位置，使人物不被遮挡。

08 根据音频节奏，在4秒12帧处添加【位置】及【缩放】关键帧，使视频向左下方移动的同时缩小，如图 C05-5 所示。

图 C05-4   图 C05-5

09 将视频"无人机"拖曳至V3轨道，调整【位置】及【缩放】，如图 C05-6 所示。

10 为"无人机"添加【线性擦除】效果，并将【擦除角度】设置为与"眼镜特写"相同的125°，设置【过渡完成】为36%，与视频"眼镜特写"边缘相切，如图 C05-7 所示。

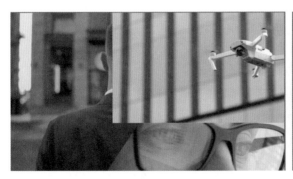

图 C05-6   图 C05-7

⑪ 然后再次为"无人机"添加【线性擦除】效果，设置【擦除角度】为0°，添加【过渡完成】关键帧并设置参数为75%；然后按右方向键向右移动4帧，修改【过渡完成】为25%，完成无人机的入场动画，效果如图C05-8所示。

⑫ 根据音乐节奏，添加视频"打字"至V4轨道，调整【位置】及【缩放】参数，将视频放至左下角，如图C05-9所示。

图 C05-8　　　　　　　　　　　　　　　　　　　图 C05-9

⑬ 添加【线性擦除】效果，添加【过渡完成】关键帧并设置参数为80%，设置【擦除角度】为225°；然后按右方向键向右移动3帧，修改【过渡完成】为47%，完成"打字"的入场动画，效果如图C05-10所示。

⑭ 选择视频"打字"添加【油漆桶】效果，设置【填充选择器】为【不透明度】，【描边】选择【描边】，【描边宽度】为15，【颜色】调整为白色，如图C05-11所示。

图 C05-10　　　　　　　　　　　　　　　　　　图 C05-11

⑮ 选择【油漆桶】效果，右击选择【复制】选项，分别为"无人机""眼镜特写"剪辑添加描边效果，如图C05-12所示。

图 C05-12

16 这样画面分屏效果就制作完成了，播放序列查看效果，如图 C05-13 所示。

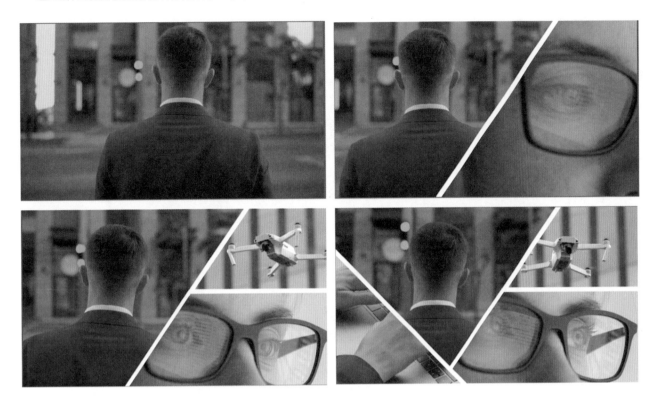

图 C05-13

本综合案例完成效果如图 C06-1 所示。

素材作者：Marco López

图 C06-1

操作步骤

[01] 新建项目"四季变换",导入素材"自然景观"并拖曳至【时间轴】面板创建序列。

[02] 使用【剃刀工具】将素材等分为四个片段,下面用这四个片段来分别制作春、夏、秋、冬四个季节。为了对比明显,在 V1 轨道复制一个"自然景观"的原始素材,如图 C06-2 所示。

图 C06-2

[03] 在【项目】面板中右击,选择【新建项目】-【旧版标题】,输入文字"春";设置【字体系列】为楷体,【字体大小】为 100;选中【填充】复选框,【填充类型】选择【线性渐变】,调整渐变的颜色;选中【阴影】复选框,具体设置如图 C06-3 所示。

图 C06-3

[04] 关闭标题编辑窗口,在【项目】面板中将其重命名为"春",按住 Ctrl 键的同时拖动"春"生成副本,将其重命名为"夏";双击打开"夏",修改内容的文字为"夏",如图 C06-4 所示。

图 C06-4

[05] 重复上一步骤制作"秋""冬"标题,并依次放至 V3 轨道,如图 C06-5 所示。

图 C06-5

[06] 选择 V2 轨道的第一个片段制作为春天景象,添加【亮度与对比度】效果,设置【亮度】为 12,【对比度】为 35。

[07] 添加【颜色平衡】效果,参数设置如图 C06-6 所示。

C

实战篇

综合案例 实战演练

313

08 调整后的颜色太深，春天的植物还不多，还需要对颜色进行调整，添加效果【颜色平衡（HLS）】，设置【亮度】为8，【饱和度】为-24。

09 导入视频素材"绿叶"，它自带 Alpha 通道，将其拖曳至"春"上方，这样春天的效果就制作完成了，如图 C06-7所示。

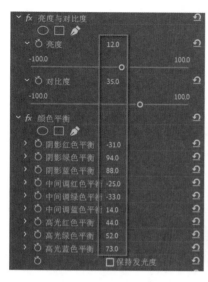

图 C06-6

图 C06-7

10 选择刚制作好的剪辑，将其重命名为"春天"，并将后面的剪辑依次重命名为"夏天""秋天""冬天"，如图 C06-8所示。

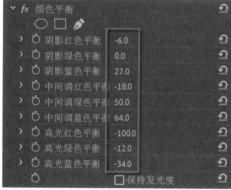

图 C06-8

11 下面制作夏天的效果。添加【亮度与对比度】效果，设置【亮度】为10，【对比度】为30。

12 夏天的特点是阳光强烈，颜色饱和。添加【颜色平衡】效果设置【阴影红色平衡】为-6，【阴影蓝色平衡】为27，【中间调红色平衡】为-18，【中间调绿色平衡】为50，【中间调蓝色平衡】为64，【高光红色平衡】为-100，【高光绿色平衡】为-12，【高光蓝色平衡】为-34，如图 C06-9 所示。

13 添加【Lumetri 颜色】效果，如图 C06-10 所示。

图 C06-9

图 C06-10

14 添加【镜头光晕】效果，移动【光晕中心】添加关键帧动画，设置【镜头类型】为【105毫米定焦】，如图C06-11所示。

图 C06-11

15 这样夏天的效果就制作完成了，如图C06-12所示。

图 C06-12

16 下面制作秋天的效果，继续复制前面夏天的【亮度与对比度】效果。秋天植物的叶子会干枯、发黄，整体颜色都是枯黄色。

17 添加【颜色平衡】效果，参数设置如图C06-13所示。

18 添加【Lumetri 颜色】效果，设置【色温】为20，展开【色调】选项栏，设置【曝光】值为1.5,【对比度】为-50,【白色】设置为-50，如图C06-14所示。

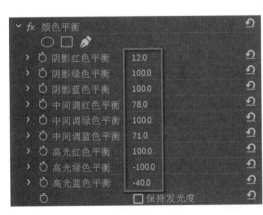

图 C06-13

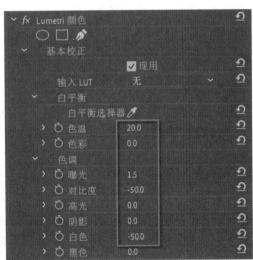

图 C06-14

19 展开【创意】选项栏，选择【look】预设为【SL BLUE INTENSE】，设置【强度】为200，效果如图C06-15所示。

20 导入素材"落叶"，将素材拖曳至"秋天"上方，将【混合模式】设置为【滤色】，这样秋天的效果就制作完成了，如图C06-16所示。

图 C06-15　　　　　　　　　　　　　　　　　　　　•　　　图 C06-16

㉑ 下面制作冬天的效果。冬天的特点是颜色单调，植物的颜色干枯，因为下雪，所以白色范围很多，复制前面"秋天"的【亮度与对比度】效果。

㉒ 添加【颜色平衡（HLS）】效果，设置【饱和度】为-80，效果如图 C06-17 所示。

㉓ 添加【Lumetri 颜色】效果，在【基本校正】选项中将【色温】设置为-30。展开【色调】选项栏，设置【曝光】为 3，【高光】为 100，【阴影】为 130，【白色】为 80，其他设置不变，如图 C06-18 所示。

图 C06-17　　　　　　　　　　　　　　　　　　　　图 C06-18

㉔ 导入素材"雪花"，设置【混合模式】为【颜色减淡】，这样冬天的效果就制作完成了，如图 C06-19 所示。

图 C06-19

25 各个季节的效果已经制作完成，播放序列发现四季之间的切换比较生硬，添加【交叉溶解】效果，分别为四季添加视频过渡效果。

26 这样漂亮的四季切换效果就制作完成了，如图 C06-20 所示。

图 C06-20

清大文森学堂 - 专业精通班

恭喜！至此你已经学完本书的全部内容，掌握了 Premiere Pro 软件。但只是掌握软件还远远不够，对于行业要求而言，软件是敲门砖，作品才是硬通货，作品的质量水平决定了创作者的层次和收益。扫码进入清大文森学堂-设计学堂，可以了解更进一步的课程和培训，距离成为卓越设计师更近一步。

扫码了解详情